SIEBEN JUWELEN DES DSCHUNGELS: EINE FASZINIERENDE ENTDECKUNGSREISE DURCH DIE WELT DER TIGERARTEN

Johanna Hofmann

JOHANNA HOFMANN

Copyright © 2024 Johanna Hofmann
Alle Rechte vorbehalten.
ISBN:9798323779406

DEDICATION

Dieses Buch ist dem unbezwingbaren Geist der Tigerarten der Welt gewidmet, deren Anmut und Kraft weiterhin Ehrfurcht und Respekt einflößen. Den Naturschützern, die unermüdlich für den Erhalt dieser majestätischen Kreaturen und ihrer Lebensräume kämpfen, und meiner Familie, deren Liebe und Unterstützung mich befähigen, meiner Leidenschaft für die Natur nachzugehen.

Inhalt

Sieben Juwelen des Dschungels: Eine faszinierende Entdeckungsreise durch die Welt der Tigerarten

DEDICATION

VORWORT

KAPITEL 1: DER RÄTSELHAFTE TIGER

KAPITEL 2: DER BENGALISCHE TIGER

    Abschnitt 2: Der flüchtige Jäger

    Abschnitt 3: Herausforderungen für den Naturschutz

    Abschnitt 4: Kulturelle Bedeutung

    Abschnitt 5: Die Zukunft des bengalischen Tigers

KAPITEL 3: DER SIBIRISCHE TIGER

    Abschnitt 1: Der sibirische Tiger - König der Taiga

    Abschnitt 2: Die ungezähmte Wildnis - Sibiriens rauer Lebensraum

    Abschnitt 3: Leben in der Einsamkeit - Das geheimnisvolle Wesen des sibirischen Tigers

    Abschnitt 4: Das Arsenal eines Raubtiers - Die Jagdtechniken des sibirischen Tigers

    Abschnitt 5: Erhaltungsmaßnahmen - Schutz der Zukunft des Sibirischen Tigers

KAPITEL 4: DER INDOCHINESISCHE TIGER

    Abschnitt 1: Der rätselhafte indochinesische Tiger

    Abschnitt 2: Ein Juwel in der asiatischen Wildnis

    Abschnitt 3: Geheimnisse des Verhaltens des indochinesischen Tigers

    Abschnitt 4: Erhaltungsmaßnahmen und Bedrohungen für das Überleben

Abschnitt 5: Wächter des Dschungels - Bewahrung des Erbes

KAPITEL 5: DER MALAYSISCHE TIGER

Abschnitt 1: Die Majestät des Malaiischen Tigers

Abschnitt 2: Das flüchtige Raubtier

Abschnitt 3: Bedroht und gefährdet

Abschnitt 4: Wächter des Dschungels

Abschnitt 5: Brüllen für den Wandel

KAPITEL 6: DER SUMATRA-TIGER

Abschnitt 1: Die Geschichte der Sumatra-Tiger

Abschnitt 2: Anatomie und Anpassungen

Abschnitt 3: Lebensraum und Verbreitungsgebiet

Abschnitt 4: Verhalten und Kommunikation

Abschnitt 5: Erhaltungsmaßnahmen und die Zukunft

KAPITEL 7: DER SÜDCHINESISCHE TIGER

Abschnitt 1: Der Südchinesische Tiger - ein verschwindendes Mysterium

Abschnitt 2: Lebensraumverlust - die stille Bedrohung

Abschnitt 3: Wilderei und illegaler Wildtierhandel - Treibstoff für das Aussterben

Abschnitt 4: Schutzbemühungen - Rettung des Südchinesischen Tigers

Abschnitt 5: Hoffnung für die Zukunft - Das Brüllen wiederherstellen

KAPITEL 8: DER AMURTIGER

Abschnitt 1: Der Amurtiger: König der Taiga

Abschnitt 2: Lebensraum und Verbreitungsgebiet: Ein Blick in die Taiga

Abschnitt 3: Die Jagd: Meister der Tarnung und Strategie

Abschnitt 4: Erhaltungsmaßnahmen: Die Rettung einer Art am Rande des Abgrunds

Abschnitt 5: Koexistenz mit dem Menschen: Das Streben nach Gleichgewicht

KAPITEL 9: DER BALINESISCHE TIGER

　　　Abschnitt 1: Der prächtige balinesische Tiger

　　　Abschnitt 2: Lebensraum und Verbreitung

　　　Abschnitt 3: Körperliche Merkmale und Anpassungen

　　　Abschnitt 4: Ökologie und Verhalten

　　　Abschnitt 5: Aussterben und Erhaltungsbemühungen

KAPITEL 10: BEWAHRUNG UND HOFFNUNG

　　　Abschnitt 1: Die bedrohte Majestät

　　　Abschnitt 2: Den Tiger verstehen

　　　Abschnitt 3: Am Rande des Aussterbens

　　　Abschnitt 4: Naturschutz in Aktion

　　　Abschnitt 5: Hoffnung für die Zukunft

ÜBER DEN AUTOR

DANKSAGUNGEN

Ich möchte all jenen meinen tiefsten Dank aussprechen, die diese Reise in den Dschungel des Wissens und der Entdeckungen möglich gemacht haben. Mein aufrichtiger Dank gilt den Wildtierexperten und Forschern, deren Einblicke in das Leben von Tigern von unschätzbarem Wert waren, insbesondere Dr. Anand Persad für seine Mentorenschaft und Führung. Mein Dank gilt auch den lokalen Gemeinschaften, die an der Seite dieser großartigen Kreaturen leben und deren Mitarbeit und Geschichten diesen Bericht bereichert haben. Meinen Kollegen und Freunden bei Global Wildlife Conservation für ihre Unterstützung und Ermutigung, und meiner Familie für ihren unerschütterlichen Glauben an meine Arbeit.

VORWORT

Im Reich der Wildnis hat der Tiger die Oberhand. Diese majestätische Kreatur mit ihren markanten Streifen und ihrer furchteinflößenden Präsenz hat die Fantasie der Menschen seit Jahrhunderten beflügelt. In den vielfältigen Landschaften Asiens haben sich sieben verschiedene Unterarten von Tigern entwickelt, die sich jeweils an ihre einzigartige Umgebung anpassen und Eigenschaften entwickeln, die sie von ihren Verwandten unterscheiden. In diesem Buch begeben wir uns auf eine Entdeckungsreise zu den sieben Tigerarten und erforschen ihre Eigenschaften, Lebensräume und die subtilen, aber signifikanten Unterschiede, die jeden einzelnen zu einem einzigartigen Zeugnis der Komplexität der Natur machen.

Der bengalische Tiger mit seinem leuchtend orangefarbenen Fell und den schwarzen Streifen ist vielleicht das Symbol schlechthin. Diese Unterart durchstreift die dichten Wälder und Grasländer Indiens und Bangladeschs und ist für ihre bemerkenswerte Kraft und Beweglichkeit bekannt. Obwohl der Bengalische Tiger die am weitesten verbreitete Tigerart ist, wird er durch den Verlust seines Lebensraums und die Wilderei bedroht, was seine Erhaltung zu einem kritischen Unterfangen macht.

Wenn wir uns in die kälteren Gefilde Russlands und Chinas wagen, treffen wir auf den Sibirischen Tiger, auch bekannt als Amurtiger. Mit seinem dicken Fell und seiner Fettschicht ist er für das Überleben in den harten Wintern gerüstet, und seine

Größe und Kraft sind unübertroffen, was ihn zu einer der größten und stärksten Raubkatzen der Welt macht.

Der Indochinesische Tiger, der in ganz Südostasien verbreitet ist, ist ein Meister der Tarnung. Sein etwas dunkleres Fell ermöglicht es ihm, sich nahtlos in die Schatten des Waldes zu integrieren. Der Malaiische Tiger, der auf der Malaiischen Halbinsel beheimatet ist, hat einen ähnlichen Lebensraum, zeichnet sich aber durch seine geringere Größe und eine isoliertere Population aus.

Der Südchinesische Tiger ist eine vom Aussterben bedrohte Unterart, deren Bestand aufgrund der intensiven Bejagung und der Zerstörung ihres Lebensraums auf tragische Weise zurückgegangen ist. Dieser Tiger ist ein Symbol für die dringende Notwendigkeit von Bemühungen zum Schutz der Wildtiere in China und darüber hinaus.

Auf der indonesischen Insel Sumatra lebt der Sumatra-Tiger, die kleinste Unterart, deren Streifen dicht beieinander liegen, wahrscheinlich eine Anpassung an die dichte Dschungelumgebung. Dieser Tiger ist ein Spitzenprädator, der eine entscheidende Rolle bei der Aufrechterhaltung des empfindlichen Gleichgewichts seines Ökosystems spielt.

Schließlich zollen wir dem Amur-Tiger, dem Balinesischen Tiger und dem Javanischen Tiger Tribut, die leider alle vom Aussterben bedroht sind. Ihr Verlust ist eine ergreifende Erinnerung an die Zerbrechlichkeit der Natur und die Auswirkungen des menschlichen Handelns auf die beeindruckendsten Kreaturen der Welt.

Während wir in das Leben dieser prächtigen Tiger eintauchen, entdecken wir die Herausforderungen, denen sie sich stellen müssen, die Bemühungen zu ihrem Schutz und die Hoffnung, dass künftige Generationen weiterhin ihre Majestät in freier Wildbahn erleben können. Begleiten Sie uns auf dieser aufschlussreichen Entdeckungsreise in die Welt der Tiger, wo Schönheit, Kraft und Geheimnisse in den Streifen der rätselhaftesten Großkatzen des Planeten zusammenfließen.

SIEBEN JUWELEN DES DSCHUNGELS

Disappearing tigers

Since the turn of the last century, the wild tiger population has fallen from some 100,000 to about 7,500. In the past 50 years, three subspecies have been lost to extinction — the Bali, Javan and Caspian tigers.
Experts estimate that the 10,000 captive-bred tigers in private hands in the United States outnumber all tigers living in the wild.

- **South China tiger:** Habitat: China.
- **Amur (Siberian) tiger:** Habitat: Russian Federation, North Korea, China.
- **Sumatran tiger:** Habitat: Indonesia.
- **Indo-Chinese tiger:** Habitat: Cambodia, China, Laos, Malaysia, Burma, Thailand and Vietnam.
- **Bengal tiger:** Habitat: India, Bhutan, Nepal, Bangladesh, China, Burma and Vietnam.

KAPITEL 1: DER RÄTSELHAFTE TIGER

Eine Einführung in die majestätische Welt der Tiger, die ihre einzigartigen Eigenschaften und ihre geheimnisvolle Anziehungskraft hervorhebt.

Tief im Herzen des üppigen Dschungels, wo die Sonnenstrahlen nur schwer das dichte Blattwerk durchdringen können, streift eine Kreatur lautlos umher, die Ehrfurcht und Furcht in den Herzen aller weckt, die es wagen, ihr Reich zu betreten. Der rätselhafte Tiger mit seinem faszinierenden Fell aus kräftigen Streifen und seinen stechenden Augen fesselt unsere Fantasie wie kaum ein anderes Wesen auf der Erde. In diesem Kapitel begeben wir uns auf eine faszinierende Reise in die Welt der Tigerarten, enträtseln ihre Geheimnisse und entdecken die verborgenen Wunder, die sie bergen.

Tiger, die größten aller Wildkatzen, sind bekannt für ihre königliche Eleganz und ihre kraftvolle Präsenz. Allein ihre schiere Größe nötigt Respekt ab, denn erwachsene Männchen werden bis zu drei Meter lang und wiegen mehr als fünfhundert Pfund. Aber es sind nicht nur ihre körperlichen Fähigkeiten, die sie auszeichnen, sondern auch ihre schiere Schönheit und ihre verschlungenen Muster, die das Herz höher schlagen lassen. Die Streifen eines jeden Tigers sind so einzigartig wie der Fingerabdruck eines Menschen und bilden einen wunderbaren Wandteppich aus der Kunstfertigkeit der Natur. Diese Streifen dienen sowohl als Panzer als auch als Tarnung und ermöglichen es ihnen, sich in den Schatten der Wälder und Wiesen zu verstecken, was sie zu ausgezeichneten Jägern macht.

Erstaunlicherweise verfügen Tiger über Jagdfähigkeiten, die denen aller anderen Raubtiere in nichts nachstehen. Dank ihrer schieren Stärke und Beweglichkeit sind sie in der Lage, Beutetiere zu erlegen, die viel größer als sie selbst sind. Während sie sich heimlich an ihre Beute heranpirschen, bewegen sie sich mit einer Anmut und Ruhe, die fast übernatürlich erscheint. Ihre kräftigen Muskeln kräuseln sich unter ihrem gestreiften Fell, wenn sie zustoßen und ihre Opfer mit einer unvergleichlichen Präzision ergreifen. Ihre Jagd ist sowohl rücksichtslos als auch anmutig, eine exquisite Darbietung des Gleichgewichts der Natur.

Aber was Tiger wirklich von anderen Arten unterscheidet, ist ihre Mystik und Anziehungskraft. Diese eigenbrötlerischen Kreaturen beherrschen die Fantasie und sind seit Jahrhunderten in die menschliche Folklore und Mythologie eingewoben. In vielen Kulturen wird der Tiger als Symbol für Macht und Mut verehrt und verkörpert die Essenz ungezähmter Vitalität. Seine einsame Natur, die ihn oft durch weite Gebiete streifen lässt, verleiht seiner Existenz einen Hauch von Geheimnis. Legenden über ihre schwer fassbare Natur und ihre nächtlichen

Eskapaden flüstern durch die Dörfer und Städte am Rande ihres Lebensraums und lassen die Neugierigen in Ehrfurcht und Furcht erstarren.

Die Faszination der Tiger liegt auch in ihrer Fähigkeit, sich an die unterschiedlichsten Lebensräume anzupassen, von den feuchten Mangroven der Sundarbans bis zu den eisigen Landschaften Sibiriens. Sie haben uralte Dschungel durchstreift und weite Graslandschaften durchquert, wobei sich jede Art an die Herausforderungen ihrer Umgebung angepasst und weiterentwickelt hat. Vom imposanten bengalischen Tiger bis zum rauen sibirischen Tiger besitzt jeder seine eigenen, einzigartigen Merkmale, die sein Überleben in einer Welt sichern, in der der schnelle Wandel alle Lebewesen bedroht.

Trotz ihrer Ehrfurcht einflößenden Natur stehen Tiger vor einer ungewissen Zukunft. Diese majestätischen Kreaturen sind mit einer Reihe von Herausforderungen konfrontiert, die vom Verlust und der Zerstückelung ihres Lebensraums bis hin zur Bedrohung durch Wilderei reichen. Ihre Populationen sind in ihrem gesamten Verbreitungsgebiet geschrumpft, und die Dringlichkeit, sie zu schützen, war noch nie so groß. Es liegt in unserer gemeinsamen Hand, ihr Überleben zu sichern und das Erbe dieser sieben Juwelen des Dschungels zu bewahren.

Während wir tiefer in das Reich dieser faszinierenden Kreaturen eintauchen, werden wir das verschlungene Netz entwirren, das uns mit dem Tiger verbindet. Wir werden Zeuge ihrer täglichen Kämpfe, ihrer Revierkämpfe und ihrer ewigen Suche nach Nahrung. In der zweiten Hälfte dieses Kapitels werden wir uns mit der Rolle des Tigers als Raubtier und Beschützer befassen und seine entscheidende Bedeutung für das empfindliche Gleichgewicht der Ökosysteme beleuchten. Aber jetzt wollen wir erst einmal innehalten, wie in der Nacht, den Atem anhalten und uns fragen, welche Geheimnisse diese Großkatzen in ihrem schimmernden Blick bergen. Der rätselhafte Tiger mit seiner fesselnden Anziehungskraft und seinen außergewöhnlichen Eigenschaften wird uns auch weiterhin in seinen Bann ziehen, wenn wir uns auf eine tiefere Erkundung der Welt der Tigerarten begeben. Diese majestätischen Kreaturen mit ihrem prächtigen Fell aus kräftigen Streifen besitzen eine unvergleichliche Schönheit, die sowohl Ehrfurcht als auch Faszination hervorruft.

Im Herzen des Herrschaftsgebiets des Tigers, dem Dschungel, findet ein ständiger Kampf ums Überleben statt. Das dichte Blattwerk bietet den gestreiften Raubtieren die perfekte Deckung, um die Kunst der Tarnung zu beherrschen, die für ihre Jagdfähigkeiten unerlässlich ist. Wenn die Sonne über der üppigen Landschaft untergeht, tritt der Tiger aus dem Schatten hervor, bereit, sich auf seine unerbittliche Suche nach Nahrung zu begeben.

Mit ihrer unglaublichen Kraft und Beweglichkeit sind Tiger in der Lage, Beute zu erlegen, die viel größer ist als sie selbst. Ihre auserwählten Opfer, ob Rehe, Wildschweine oder sogar Büffel, müssen die Kraft ihrer mächtigen Muskeln ertragen, wenn Tiger sie mit Präzision und unwiderruflicher Gewalt packen. Einen Tiger in Aktion zu beobachten ist wie ein Tanz, bei dem Instinkt, Kraft und Gerissenheit in einer tödlichen Darbietung ineinandergreifen.

Die Jagdfähigkeiten des Tigers versetzen uns in Ehrfurcht, aber es ist seine rätselhafte Natur, die ihn wirklich auszeichnet. Diese einsamen Kreaturen durchstreifen riesige Gebiete, deren Grenzen sie mit ihrem Geruch und ihren Klauen markieren. Ihre schwer fassbare Anwesenheit hat zahllose Legenden und Geschichten hervorgebracht, die von Generation zu Generation weitergegeben werden und den Hauch der Mystik, der diese prächtigen Raubkatzen umgibt, noch verstärken.

Jede der verschiedenen Tigerarten verfügt über einzigartige Merkmale, die sich an ihren jeweiligen Lebensraum angepasst haben. Vom imposanten bengalischen Tiger, der in den tropischen Mangroven und dichten Wäldern lebt, bis zum rauen sibirischen Tiger, der in den eisigen Landschaften Nordasiens gedeiht, haben diese Tiere die Kunst des Überlebens in ihren einzigartigen Lebensräumen gemeistert. Der Sumatra-Tiger, der auf der indonesischen Insel Sumatra beheimatet ist, hat sich an die üppigen tropischen Regenwälder angepasst, während der Indochinesische Tiger seinen Weg durch das dichte Laubwerk Südostasiens findet. Jede Tigerart ist eine Verkörperung der außergewöhnlichen Vielfalt und Anpassungsfähigkeit der Natur.

Trotz ihrer immensen Stärke und Widerstandsfähigkeit steht den Tigern eine ungewisse Zukunft bevor. Das rasche Vordringen des Menschen, die Abholzung der Wälder und die Zerstückelung ihres Lebensraums haben diese Tiere an den Rand des Aussterbens gebracht. Die Wilderei, angetrieben durch die illegale Nachfrage nach Tigerprodukten, bedroht ihr Überleben zusätzlich. Es liegt an uns als Verwalter der Erde, unverzüglich Maßnahmen zu ergreifen, um diese majestätischen Tiere zu schützen und zu erhalten.

Von internationalen Kooperationen bis hin zu Basisinitiativen werden Anstrengungen unternommen, um das Erbe der sieben Juwelen des Dschungels zu bewahren. Naturschutzorganisationen arbeiten unermüdlich daran, wichtige Lebensräume zu schützen, Konflikte zwischen Mensch und Wildtieren zu entschärfen und den illegalen Wildtierhandel zu bekämpfen. Durch Ranger-Patrouillen, Aufklärung der Bevölkerung und Maßnahmen zur Bekämpfung der Wilderei bemühen sich diese Organisationen um eine Zukunft, in der Tiger weiterhin durch die Landschaften streifen können, die sie seit Jahrtausenden bewohnen.

Während wir tiefer in das Reich dieser atemberaubenden Kreaturen eintauchen, entdecken wir die wichtige Rolle, die Tiger im empfindlichen Gleichgewicht der Ökosysteme spielen. Tiger sind nicht nur wilde Raubtiere, sondern spielen auch eine Schlüsselrolle bei der Regulierung der Beutepopulationen und der Erhaltung der Gesundheit und Vielfalt ihrer Lebensräume. Ihre Anwesenheit in freier Wildbahn ist ein Zeichen für das Wohlergehen und die Widerstandsfähigkeit der Ökosysteme, die ihre Heimat sind.

Die Reise in die Welt der Tiger weckt ein Gefühl der Verwunderung, aber auch ein Gefühl der Dringlichkeit. Wir müssen erkennen, dass unser heutiges Handeln das Schicksal dieser großartigen Kreaturen und der Ökosysteme, die sie bewohnen, bestimmen wird. Lassen Sie uns gemeinsam für sie eintreten, denn ihr Überleben ist nicht nur ein Beweis für unser Engagement für die natürliche Welt, sondern auch für unsere eigene Verbundenheit mit ihr.

Zum Abschluss dieses Kapitels durchdringen die smaragdgrünen Augen des Tigers unser kollektives Bewusstsein. In seinem Blick erhaschen wir einen Blick auf eine Welt, die am Abgrund steht und in der das Überleben dieser königlichen Bestien auf dem Spiel steht. Mit vor Erwartung klopfendem Herzen rätseln wir über die Geheimnisse, die sich hinter dem schimmernden Blick dieser großartigen Kreatur verbergen.

Und so bleibt die Geschichte des rätselhaften Tigers bestehen und lädt uns ein, ihre Geheimnisse in den kommenden Kapiteln zu enträtseln.

KAPITEL 2: DER BENGALISCHE TIGER

E ntdecken Sie die beeindruckende Welt des bengalischen Tigers und erfahren Sie mehr über seine physischen Eigenschaften, seinen Lebensraum und sein einzigartiges Verhalten, das ihn zu einem der großartigsten Geschöpfe der Natur macht.

Der bengalische Tiger, auch bekannt als Panthera tigris tigris, ist eine wahre Verkörperung von Kraft und Anmut. Mit seinem ausgeprägten orangefarbenen Fell, das von kräftigen schwarzen Streifen durchzogen ist, gebietet dieses königliche Tier Aufmerksamkeit und Respekt. Mit einer Schulterhöhe von bis zu einem Meter und einer Länge von 8 bis 10 Metern sind diese Spitzenraubtiere ein wahrer Augenschmaus.

Die schiere Größe und Kraft des bengalischen Tigers fasziniert einfach. Ihr muskulöser Körperbau und ihre kräftigen Gliedmaßen ermöglichen es ihnen, sich mit bemerkenswerter Beweglichkeit auf ihre Beute zu stürzen. Ihre scharfen, einziehbaren Krallen und ihre kräftigen, mit großen Eckzähnen versehenen Kiefer sind perfekt für die Jagd und das Zerreißen von Fleisch geeignet. Es ist kein Wunder, dass sie oft als die Herren des Dschungels bezeichnet werden.

Entgegen der landläufigen Meinung lebt der bengalische Tiger nicht nur in dichten Regenwäldern. Sein Lebensraum ist so vielfältig wie die Landschaft, die er bewohnt. Von den dichten Mangrovensümpfen der Sundarbans bis hin zu den Graslandschaften und Trockenwäldern Indiens und Nepals haben sich diese majestätischen Kreaturen an eine Vielzahl von Umgebungen angepasst. Ihre Population ist jedoch im Laufe der Jahre aufgrund von Lebensraumverlust und Wilderei erheblich geschrumpft.

In ihrem natürlichen Lebensraum herrschen bengalische Tiger über ihre sorgfältig abgegrenzten Reviere. Diese Reviere sind für ihr Überleben unerlässlich, da sie ihnen genügend Beute bieten und genügend Platz für die Aufzucht ihrer Jungen bieten. Männliche Tiger beanspruchen in der Regel größere Reviere, um ihre Bedürfnisse zu befriedigen, während Weibchen kleinere Reviere haben, die sich mit denen der Männchen überschneiden.

Diese prächtige Art weist mehrere einzigartige Verhaltensweisen auf, die sie von anderen Großkatzen unterscheiden. Bengalische Tiger sind Einzelgänger und ziehen es vor, allein zu streifen und zu jagen. Sie sind jedoch nicht gänzlich asozial und wurden bei der Paarung und bei Revierstreitigkeiten beobachtet, wie sie mit anderen Tigern interagierten. Die Kommunikation zwischen den einzelnen Tieren erfolgt in erster Linie durch Lautäußerungen,

Duftmarkierungen und visuelle Signale. Brüllen, Knurren und Miauen gehören zu den verschiedenen Lauten, mit denen sie mit anderen Tigern kommunizieren.

Einer der fesselndsten Aspekte des bengalischen Tigers ist sein Jagdgeschick. Dank der nahezu perfekten Tarnung durch ihr gestreiftes Fell fügen sich diese majestätischen Raubtiere nahtlos in ihre Umgebung ein, was es ihnen erleichtert, ihre Beute aus dem Hinterhalt zu erlegen. Zu ihren bevorzugten Beutetieren gehören Hirsche, Wildschweine und sogar kleinere Tiere wie Affen und Vögel. Tiger pirschen sich oft geduldig an ihre Beute an und nutzen ihre Heimlichkeit und Beweglichkeit, um so nah wie möglich heranzukommen, bevor sie einen schnellen und tödlichen Angriff starten.

Wenn die Sonne über den üppigen Landschaften untergeht, die der bengalische Tiger bewohnt, entfaltet sich eine Sinfonie der Natur. Zu dieser Zeit kommen diese prächtigen Tiere aus ihren Verstecken hervor, um ihr Revier zu durchstreifen und ihr endloses Streben nach Überleben fortzusetzen. Mit jeder Bewegung und jedem Brüllen erinnert der bengalische Tiger an die ungezähmte Kraft und Schönheit, die Mutter Natur dem Tierreich geschenkt hat.

Bleiben Sie dran für den zweiten Teil dieses Kapitels, in dem wir die Geheimnisse des Fortpflanzungszyklus des bengalischen Tigers lüften, die Herausforderungen, denen er sich in seinem Überlebenskampf stellen muss, und die Anstrengungen, die unternommen werden, um dieses Wahrzeichen der Wildnis zu schützen. Die ungezähmte Majestät des bengalischen Tigers erwartet Sie in den Tiefen der rätselhaften Umarmung der Natur: Wenn die Sonne über den üppigen Landschaften untergeht, die der bengalische Tiger bewohnt, entfaltet sich eine Symphonie der Natur. Zu dieser Zeit kommen diese prächtigen Tiere aus ihren Verstecken hervor, um ihr Revier zu durchstreifen und ihr endloses Streben nach Überleben fortzusetzen. Mit jeder Bewegung und jedem Brüllen erinnert der bengalische Tiger an die ungezähmte Kraft und Schönheit, die Mutter Natur dem Tierreich geschenkt hat.

Während die körperlichen Merkmale und die Jagdfähigkeiten des bengalischen Tigers wirklich bemerkenswert sind, ist es ihr Fortpflanzungszyklus, der ihre außergewöhnliche Natur noch mehr hervorhebt. Die Fortpflanzung ist ein entscheidender Aspekt, um das Überleben dieser majestätischen Art zu sichern. Weibliche Tiger erreichen die Geschlechtsreife im Alter von drei bis vier Jahren, während die Männchen etwas später, mit etwa vier bis fünf Jahren, geschlechtsreif werden.

Während der Paarungszeit, die in der Regel von November bis April dauert, markieren männliche Tiger ihre Reviere mit Duftmarken. Diese Markierungen signalisieren den weiblichen Tigern, dass sie bereit sind, sich zu paaren. Sobald ein Weibchen den Duft wahrnimmt, betritt es das Territorium des Männchens, wo sie ein einzigartiges Balzritual vollziehen.

Das Balzverhalten bengalischer Tiger ist sowohl faszinierend als auch beeindruckend. Männliche und weibliche Tiger zeigen eine Reihe von spielerischen und liebevollen Interaktionen, wie z. B. gegenseitiges Reiben und Kuscheln. Dieses Verhalten trägt dazu bei, eine Bindung zwischen dem Paar aufzubauen, bevor es zur Paarung kommt. Sobald beide Tiger bereit sind, findet die Paarung statt, um das Fortbestehen ihrer Art zu sichern.

Nach einer Tragezeit von etwa 103 Tagen bringt die Tigerin einen Wurf von zwei bis vier Jungen zur Welt. Diese Jungtiere sind bei der Geburt blind und hilflos und verlassen sich zum Überleben ganz auf ihre Mutter. Die Mutter ernährt sie mit ihrer Milch, bis sie alt genug sind, um selbst auf die Jagd zu gehen.

Die Aufzucht von Tigerjungen ist eine anspruchsvolle Aufgabe für die Mutter. Sie muss regelmäßig jagen, um ihre Jungen zu versorgen und sie vor potenziellen Bedrohungen zu schützen. Die Jungtiere bleiben etwa zwei Jahre lang bei ihrer Mutter und lernen in dieser Zeit wichtige Jagd- und Überlebensfähigkeiten. Sobald sie ausgewachsen sind, machen sie sich auf den Weg, um ihr eigenes Revier zu finden und den Lebenszyklus fortzusetzen.

Trotz ihrer unbestreitbaren Majestät stehen bengalische Tiger in ihrem Überlebenskampf vor zahlreichen

Herausforderungen. Der Verlust ihres Lebensraums durch Abholzung und menschliche Eingriffe stellt eine erhebliche Bedrohung für ihre Existenz dar. Darüber hinaus dezimiert die illegale Wilderei wegen ihrer äußerst wertvollen Körperteile die bereits schwindende Population weiter.

In Anerkennung der Dringlichkeit, dieses Wahrzeichen der Wildnis zu schützen, sind verschiedene Schutzbemühungen im Gange. Organisationen und Regierungen arbeiten unermüdlich daran, Schutzgebiete einzurichten und das Bewusstsein für die Bedeutung des Schutzes dieser großartigen Kreaturen zu schärfen. Bildung und das Engagement der Gemeinden spielen eine entscheidende Rolle bei der Förderung einer harmonischen Koexistenz zwischen Menschen und bengalischen Tigern.

Je tiefer wir in die Geheimnisse des bengalischen Tigers eindringen, desto mehr lernen wir das empfindliche Gleichgewicht zwischen Mensch und Natur zu schätzen. Die ungezähmte Majestät des Tigers erinnert uns an die Schönheit und das Wunder, das es im Tierreich gibt. Durch unser Engagement für den Schutz und die Erhaltung der Tiere können wir sicherstellen, dass auch künftige Generationen das Privileg haben werden, den bengalischen Tiger in seiner ganzen natürlichen Pracht zu erleben.

Die Geheimnisse der Existenz des bengalischen Tigers werden immer weiter gelüftet, was die Phantasie von Naturliebhabern beflügelt und uns daran erinnert, wie wichtig der Schutz dieser großartigen Kreaturen ist. Bleiben Sie dran für das nächste Kapitel, in dem wir weiter in die rätselhafte Welt des bengalischen Tigers vordringen und seine ökologische Rolle und die unzähligen Wunder, die ihn zu einer wahren Ikone des Tierreichs machen, erforschen werden.

ABSCHNITT 2: DER FLÜCHTIGE JÄGER

Entdecken Sie die geheimnisvolle Natur und die verstohlenen Jagdtechniken des bengalischen Tigers, eines wahren Meisters der Tarnung und eines furchterregenden Raubtiers. In den dichten Dschungeln des indischen Subkontinents umgibt diese majestätischen Kreaturen eine Aura der Mystik. Der wilde Ruf des bengalischen Tigers ist nicht unverdient, denn er verfügt über eine Kombination von Stärken und Fähigkeiten, die ihn zum ultimativen Raubtier in seinem Lebensraum machen.

Der bengalische Tiger ist perfekt getarnt und passt sich seiner Umgebung an wie ein Chamäleon. Sein auffallend orangefarbenes Fell mit dunklen Streifen, die an ineinander verschlungene Äste und hohe Gräser erinnern, ermöglicht es ihm, sich nahtlos in das gedämpfte Licht und die Schatten seines Waldgebiets einzufügen. Mit seinem scharfen Sehvermögen kann er geduldig auf der Lauer liegen und von seiner ahnungslosen Beute unbemerkt bleiben. Wie ein Phantom bewegt er sich lautlos durch das Unterholz, wobei sein geschmeidiger Körper kaum ein einziges Blatt berührt.

Ausgestattet mit kräftigen Muskeln und scharfen Krallen ist der bengalische Tiger ein unübertroffener Jäger. Heimlich und wendig kann sich diese prächtige Raubkatze unbemerkt an ihre Beute heranpirschen und die Lücke mit Präzision und Zielstrebigkeit schnell schließen. Bei jedem Schritt beweist er außergewöhnliche Geduld und Geschicklichkeit und sorgt dafür, dass jede Bewegung mit äußerster Anmut und Kontrolle ausgeführt wird.

Die Jagdtechnik des Tigers ist eine fein orchestrierte Darbietung, deren Beherrschung sowohl Zeit als auch Talent erfordert. Sie beginnt mit sorgfältigen Beobachtungen, bei denen die Umgebung auf jedes Lebenszeichen hin untersucht wird. Die Ohren des Tigers zucken, wenn er das leiseste Rascheln von Blättern oder das gedämpfte Gemurmel entfernter Wildtiere wahrnimmt. Wenn der richtige Moment gekommen ist, geht er in die Hocke, seine Muskeln sind gespannt wie Sprungfedern und er ist bereit, in Aktion zu treten.

Als er mit unglaublicher Kraft vorwärts springt, wird die Welt um ihn herum zu einem Bewegungswirrwarr. Der bengalische Tiger stürzt sich auf seine ahnungslose Beute, seine massiven Kiefer umklammern sie mit einem schraubstockähnlichen Griff und machen sein Opfer augenblicklich handlungsunfähig. Mit rücksichtsloser Effizienz sorgt der Tiger für ein schnelles Ende der Jagd und macht das Beste aus seinem kräftigen Biss.

Doch die Jagdfähigkeiten des bengalischen Tigers gehen über seine physischen Fähigkeiten hinaus. Die Intelligenz spielt eine entscheidende Rolle für seinen Erfolg. Der Tiger beobachtet die Gewohnheiten seiner Beute und lernt ihre Muster und Verhaltensweisen. Er weiß, wo ihre Wasserstellen sind, wo sie am liebsten grasen und welche Wege sie durch den dichten Dschungel nehmen. Mit diesem Wissen ausgestattet, wird der Tiger zum Meisterstrategen, der die Bewegungen seiner Beute vorhersieht und sie mit Präzision aus dem Hinterhalt angreift.

Die Dunkelheit der Nacht enthüllt oft die wahren Fähigkeiten des bengalischen Tigers. Unter dem Mantel des Mondes wird er zu einem Schatten im Wald, zu einem Gespenst der Nacht. Seine Augen strahlen einen unheimlichen Glanz aus und reflektieren das fahle Mondlicht wie zwei Laternen. Der Schutz der Dunkelheit bietet die perfekte Leinwand für seine räuberischen

Künste. Mit geschärften Sinnen und verstohlen schleicht sich der Tiger immer näher an seine ahnungslose Beute heran, bereit, im richtigen Moment zuzuschlagen.

Am Ende des Kapitels über die Jagdtechniken des bengalischen Tigers erhaschen wir einen Blick auf das prächtige Tier, das inmitten des Blattwerks steht und dessen Augen mit ursprünglicher Entschlossenheit glänzen. Doch die Geschichte geht weiter. In der zweiten Hälfte dieses Kapitels werden wir tiefer in die Jagdstrategien des Tigers eindringen, seine einzigartigen Anpassungen erforschen und beeindruckende Geschichten über seine unerbittliche Verfolgung erzählen. Machen Sie sich gefasst auf die ungezähmte Majestät des bengalischen Tigers in seiner ganzen Pracht.

Wenn der Mond seinen Zenit erreicht und den dichten Dschungel in ein himmlisches Licht taucht, macht sich der bengalische Tiger bereit für die Verfolgung. Mit präziser Berechnung und unnachgiebiger Entschlossenheit beginnt er einen nächtlichen Tanz, der die ungezähmte Majestät seiner Jagdfähigkeiten zum Vorschein bringt.

Im Schutz der Dunkelheit werden die geschärften Sinne des Tigers zu seinen besten Verbündeten. Sein scharfes Gehör nimmt selbst das leiseste Knacken eines Zweigs wahr, während sein scharfer Blick die kleinste Bewegung in den Schatten aufspürt. Jede Faser seines Wesens ist auf die Feinheiten der Nacht abgestimmt und ermöglicht es ihm, sich unbemerkt durch das verworrene Laub zu bewegen. Seine Tarnkappe ist mit zeitlosem Fachwissen ausgestattet.

Mit lautlosem Schleichgang durchquert der bengalische Tiger sein Territorium, wobei er das tückische Terrain mit Anmut durchquert. Wenn er sich einer vertrauten Wasserstelle nähert, verraten die kräuselnden Spiegelungen des Mondlichts seine Anwesenheit. Geduldig wartet er darauf, dass seine ahnungslose Beute den Köder schluckt, wobei jedes Plätschern des Wassers die Vorfreude in den goldenen Augen des Tigers widerspiegelt.

Plötzlich taucht eine Herde von Rehen auf, die vom trügerischen Zauber des Mondlichts an den Rand des

Wassers gezogen werden. Wie verstörte Geister treten sie unwissentlich in das Reich des Spitzenraubtiers ein. Die Muskeln des Tigers spannen sich an, bereit, in einem Augenblick unvorstellbare Kraft zu entfesseln. Mit einem explosiven Geschwindigkeitsschub stürzt er sich auf sein ausgewähltes Ziel, die Krallen ausgefahren, um es schnell und sicher zu töten.

Die aufgeschreckte Beute versucht verzweifelt, dem tödlichen Griff des Tigers zu entkommen. Verzweiflung liegt in der Luft, als die Verfolgungsjagd beginnt. Der donnernde Herzschlag und das widerhallende Knurren fügen sich harmonisch in die Symphonie des Dschungels ein. Die Hartnäckigkeit des bengalischen Tigers ist unnachgiebig, seine Verfolgung unerbittlich, bis er seine Beute ausmanövriert hat und sie in die Ecke der Kapitulation zwingt.

Wenn sich die Nacht entfaltet, steht der bengalische Tiger triumphierend da, seine mächtige Gestalt zeichnet sich gegen das mondbeschienene Blätterdach ab. Dieses majestätische Tier hat seine Jagdstrategien im Laufe der Evolution verfeinert und sich mit Präzision an die sich ständig verändernde Landschaft seines Lebensraums angepasst. Durch die Verschmelzung von Intelligenz und Instinkt erkennt er Muster im Chaos der Natur und antizipiert die Bewegungen seiner Beute mit unglaublicher Genauigkeit.

Doch die Geschichte der Jagdfähigkeiten des bengalischen Tigers geht weit über diese Erzählungen über Urinstinkte hinaus. Sie ist ein Zeugnis für das komplizierte Gleichgewicht zwischen einem Raubtier und seiner Beute, für den delikaten Tanz, der die Harmonie der Wildnis bewahrt. Jede erfolgreiche Jagd bietet nicht nur dem Tiger Nahrung, sondern auch einer Vielzahl von Lebewesen, die auf dieses außergewöhnliche Raubtier angewiesen sind, um das Gleichgewicht des Ökosystems aufrechtzuerhalten.

Am Ende dieses Kapitels stehen wir voller Ehrfurcht vor der schwer fassbaren und geheimnisvollen Natur des bengalischen Tigers, dessen heimliche Jagdtechniken eine Meisterleistung der Natur sind. Mit diesem privilegierten Einblick in seine Welt werden wir Zeuge der überwältigenden Schönheit und rohen Kraft, die die ungezähmte Majestät des bengalischen Tigers ausmacht.

ABSCHNITT 3: HERAUSFORDERUNGEN FÜR DEN NATURSCHUTZ

Die ungezähmte Majestät des bengalischen Tigers
Wenn sich die Schatten der Abenddämmerung über die dichten Wälder des indischen Subkontinents legen, erwacht ein stilles und mächtiges Raubtier. Mit seinem leuchtenden Fell, das mit markanten schwarzen Streifen verziert ist, strahlt der bengalische Tiger eine Aura ungezähmter Majestät aus. Diese ikonische Tierart übt eine Faszination aus, die die Phantasie von Tierliebhabern und Naturschützern gleichermaßen anregt. Doch hinter seiner beeindruckenden Präsenz verbirgt sich eine Geschichte, die Anlass zu großer Sorge gibt.

Untersuchen Sie die aktuellen Bedrohungen und die Bemühungen zum Schutz des bengalischen Tigers, denn es ist dringend notwendig, diese ikonische Tierart für künftige Generationen zu erhalten.

Die Herausforderungen für die Erhaltung des bengalischen Tigers sind vielschichtig und komplex. Die größte Bedrohung für sein Überleben ist der Verlust und die Fragmentierung seines Lebensraums. Die rasche Verstädterung, die Ausdehnung der Landwirtschaft und nicht nachhaltige Abholzungspraktiken haben sich auf das einst riesige Gebiet des Tigers ausgewirkt und ihn an den Rand der Ausrottung gebracht. Die Verkleinerung seines natürlichen Lebensraums schränkt nicht nur die Streifgebiete des Tigers ein, sondern unterbricht auch wichtige ökologische Korridore, die für sein Überleben entscheidend sind.

Außerdem stellt der illegale Handel mit Wildtieren eine erhebliche Bedrohung für das Überleben des bengalischen Tigers dar. Trotz internationaler Verbote hält die Nachfrage nach Tigerteilen und -produkten, die durch traditionellen Glauben und illegale Märkte angeheizt wird, weiter an. Die Wilderei aus Profitgründen treibt diesen Teufelskreis an und führt zu einem katastrophalen Rückgang der Tigerpopulationen. Die Knochen, die Haut und die Organe des Tigers gelten als prestigeträchtig und sind sehr begehrt, wodurch die illegalen Handelsnetze, die die Existenz dieser majestätischen Tierart bedrohen, fortbestehen.

Trotz dieser Herausforderungen haben sich die Bemühungen um den Schutz des bengalischen Tigers als vielversprechend erwiesen. Länder wie Indien, Bangladesch, Bhutan und Nepal haben die Dringlichkeit der Situation erkannt und robuste Schutzmaßnahmen ergriffen. Von der Einrichtung von Schutzgebieten und Nationalparks über die Schaffung von Anti-Wilderei-Einheiten bis hin zur Förderung von Initiativen auf kommunaler Ebene haben diese Länder große Fortschritte gemacht, um die Zukunft des Bengalischen Tigers zu sichern.

Auch internationale Kooperationen und Partnerschaften haben sich bei der Bewältigung der Herausforderungen, mit denen die Art konfrontiert ist, als hilfreich erwiesen. Organisationen wie der World Wildlife Fund (WWF), die Wildlife Conservation Society (WCS) und das Global Tiger Forum (GTF) arbeiten unermüdlich daran, lokale Schutzbemühungen zu unterstützen, das Bewusstsein zu schärfen und sich für Maßnahmen zum Schutz von Tigern und ihren Lebensräumen einzusetzen. Durch Feldforschung, Engagement in den Gemeinden und politische Lobbyarbeit bemühen sich diese Organisationen, eine Zukunft zu sichern, in der der bengalische Tiger in seinem natürlichen Verbreitungsgebiet frei umherstreift.

Trotz der erzielten Fortschritte gibt es jedoch noch viel zu tun. Die Schutzbemühungen dürfen sich nicht nur auf den Schutz des Tigers und seines Lebensraums konzentrieren, sondern müssen auch die zugrunde liegenden sozioökonomischen Faktoren angehen, die Wilderei und illegalen Handel begünstigen. Die Stärkung der lokalen Gemeinschaften, die Verbesserung der Rechtsdurchsetzung und die Förderung nachhaltiger Lebensgrundlagen sind wichtige Komponenten, um die Zukunft des bengalischen Tigers zu sichern.

In der zweiten Hälfte dieses Kapitels werden wir uns eingehender mit den Herausforderungen befassen, mit denen der bengalische Tiger konfrontiert ist, und die innovativen Lösungen, neuen Technologien und gemeinschaftlichen Initiativen erkunden, die das Potenzial haben, das Blatt zu wenden. Von technologischen Fortschritten wie Kamerafallen und DNA-Analysen bis hin zur Kraft des gemeinschaftsgeführten Naturschutzes werden wir Zeuge der Entschlossenheit und Widerstandsfähigkeit derjenigen, die sich für die Erhaltung der ungezähmten Majestät des bengalischen Tigers einsetzen.

Die Herausforderungen für die Erhaltung des bengalischen Tigers gehen jedoch über den Verlust seines Lebensraums und den illegalen Wildtierhandel hinaus. Ein weiteres großes Hindernis sind Konflikte zwischen Mensch und Wildtier. Da sich die menschliche Bevölkerung ausbreitet und immer weiter in die Gebiete der Tiger vordringt, kommt es aufgrund des Wettbewerbs um Ressourcen und der potenziellen Bedrohung der menschlichen Sicherheit zu Konflikten. Die Folgen können sowohl für Menschen als auch für Tiger verheerend sein, da Vergeltungstötungen und die Zerstörung von Lebensräumen eskalieren. Daher ist es von entscheidender Bedeutung, Maßnahmen zu entwickeln und umzusetzen, die die Koexistenz zwischen lokalen Gemeinschaften und diesen majestätischen Raubtieren fördern.

Ein vielversprechender Ansatz zur Entschärfung von Konflikten zwischen Mensch und Wildtier ist der Einsatz innovativer Technologien. So ermöglicht beispielsweise der Einsatz von Frühwarnsystemen wie Kamerafallen und sensorgestützten Geräten die Überwachung von Tigerbewegungen in Echtzeit und erlaubt ein rechtzeitiges Eingreifen, um Konflikte zu vermeiden. Darüber hinaus kann der Einsatz datengestützter Analysen Einblicke in Muster und Verhaltensweisen liefern und so die Entwicklung gezielter Schutzstrategien unterstützen.

Neben technologischen Fortschritten spielen gemeinschaftsgetragene Initiativen eine wichtige Rolle bei der Erhaltung des bengalischen Tigers. In der Erkenntnis, wie wichtig es ist, die lokalen Gemeinschaften einzubeziehen, wurden Projekte durchgeführt, um bei denjenigen, die den Lebensraum des Tigers mitbenutzen, ein Gefühl von Eigentum und Verantwortung zu fördern. Durch die aktive Einbindung der Dorfbewohner in Entscheidungsprozesse, die Förderung nachhaltiger Lebensgrundlagen und die Bereitstellung alternativer Einkommensquellen können Schutzbemühungen von den Gemeinden, die am stärksten von Konflikten zwischen Mensch und Wildtieren betroffen sind, entscheidend unterstützt werden.

Darüber hinaus sind die Förderung der Bildung und die Sensibilisierung der Bevölkerung wesentliche Bestandteile eines erfolgreichen Schutzes. Durch die Aufklärung der lokalen Gemeinschaften über die ökologische Bedeutung von Tigern und die Vorteile des Zusammenlebens mit ihnen kann sich die Einstellung zu mehr Akzeptanz und Wertschätzung ändern. Dies wiederum verringert die Wahrscheinlichkeit von Vergeltungstötungen und fördert eine Kultur der Koexistenz.

Neben dem Engagement der Gemeinden ist eine

strenge Strafverfolgung für die Bekämpfung des illegalen Wildtierhandels unerlässlich. Die Verstärkung der Anti-Wilderei-Einheiten und die Erhöhung der Strafen für Zuwiderhandelnde sind entscheidende Schritte zur Abschreckung von Wilderei-Aktivitäten. Neben diesen Maßnahmen ist es von entscheidender Bedeutung, die Nachfrage nach Tigerteilen und -produkten zu bekämpfen. Kampagnen, die auf das Bewusstsein der Verbraucher und den traditionellen Glauben abzielen, können in Verbindung mit einer strengen Strafverfolgung dazu beitragen, die Nachfrage, die den illegalen Handel antreibt, einzudämmen.

Die internationale Zusammenarbeit ist nach wie vor von entscheidender Bedeutung für die Bewältigung der Herausforderungen, vor denen der bengalische Tiger steht. Durch Partnerschaften und Wissensaustausch können Länder zusammenarbeiten, um grenzüberschreitende Probleme wie Menschenhandelsnetze und die Erhaltung von Lebensraumkorridoren, die Tigerpopulationen miteinander verbinden, anzugehen. Darüber hinaus ist es von entscheidender Bedeutung, die weltweite Unterstützung zu fördern und eine angemessene Finanzierung der Erhaltungsmaßnahmen sicherzustellen, um die langfristige Nachhaltigkeit der Initiativen zum Schutz des Bengalischen Tigers zu gewährleisten.

Trotz der erzielten Fortschritte ist der Weg, der vor uns liegt, weiterhin schwierig. Nachhaltige Schutzbemühungen erfordern kontinuierliches Engagement, innovative Lösungen und anpassungsfähige Managementstrategien. Es ist ein Kampf gegen die Zeit, um eine Zukunft zu sichern, in der der bengalische Tiger weiterhin frei umherstreifen und für seine ungezähmte Majestät bewundert werden kann.

Zusammenfassend lässt sich sagen, dass die Herausforderungen, mit denen der bengalische Tiger konfrontiert ist, dringende Aufmerksamkeit und konzertierte Anstrengungen von Regierungen, Gemeinschaften und Organisationen erfordern. Durch eine Kombination aus solider

Gesetzgebung, technologischen Fortschritten, Engagement der Gemeinden und internationaler Zusammenarbeit besteht Hoffnung, das Überleben dieser ikonischen Art zu sichern. Indem wir die ungezähmte Majestät des bengalischen Tigers bewahren, können wir künftigen Generationen ein Erbe hinterlassen, in dem dieses großartige Raubtier weiterhin die beeindruckende Schönheit der Natur symbolisiert.

ABSCHNITT 4: KULTURELLE BEDEUTUNG

Der bengalische Tiger hat mit seiner wilden und doch majestätischen Präsenz im Laufe der Geschichte die Fantasie verschiedener Gesellschaften angeregt. Die kulturelle Bedeutung dieser großartigen Kreatur ist tief in den Traditionen, dem Glauben und dem täglichen Leben der Menschen auf den verschiedenen Kontinenten verwurzelt. Wenn wir uns in die reichhaltige Symbolik des bengalischen Tigers vertiefen, entdecken wir seine Assoziation mit Macht, Wohlstand und immenser spiritueller Bedeutung.

In vielen Gesellschaften ist der bengalische Tiger zu einem Symbol für unvergleichliche Kraft und Stärke geworden. Seine schiere Größe, Beweglichkeit und räuberischen Fähigkeiten haben die Menschen seit Jahrhunderten beeindruckt und dem Tiger einen Platz der Verehrung und Ehrfurcht verschafft. In Geschichten, Legenden und mythischen Erzählungen wird dieses königliche Tier oft als Symbol für rohe Gewalt, unübertroffene Tapferkeit und unübertroffene Dominanz dargestellt. Die Dominanz des Tigers in der freien Wildbahn und sein Einzelgängerdasein haben viele Gesellschaften dazu veranlasst, ihn als Repräsentant von Macht in verschiedenen

Bereichen des Lebens zu betrachten.

Neben seiner Kraft gilt der bengalische Tiger in vielen Kulturen auch als Symbol für Wohlstand. Seine orangefarbenen und schwarzen Streifen, die an die leuchtenden Farben in der Natur erinnern, gelten als Vorboten von Reichtum und Wohlstand. Dieser Zusammenhang zwischen dem Aussehen des Tigers und dem Wohlstand hat dazu geführt, dass er in Regionen, in denen sich kulturelle Überzeugungen mit der Natur verbinden, in der Kunst, in Textilien und sogar in der Architektur abgebildet wird. Es wird angenommen, dass die Anwesenheit des Tigers in diesen Formen denjenigen, die ihn zeigen oder mit ihm interagieren, Wohlstand und positive Energie bringt.

Die kulturelle Bedeutung des bengalischen Tigers geht jedoch weit über irdische Bereiche hinaus. In spirituellen Praktiken und Glaubensrichtungen wird der Tiger oft mit einer tieferen, metaphysischen Bedeutung in Verbindung gebracht. In einer Reihe von asiatischen Ländern gilt der Tiger als heiliges Tier, das göttliche Macht und spirituellen Schutz verkörpert. Es wird angenommen, dass seine Anwesenheit böse Geister abwehrt und Segen bringt. Darstellungen des Tigers in religiösen Kunstwerken, Skulpturen und Ritualen sind ein weiteres Beispiel für die spirituelle Verehrung, die diesem majestätischen Tier entgegengebracht wird.

Die spirituelle Verbindung mit dem bengalischen Tiger kann auch mit seiner Darstellung von Mut und Tapferkeit in Verbindung gebracht werden. Die Furchtlosigkeit des Tigers und seine unerschütterliche Entschlossenheit im Angesicht von Widrigkeiten spiegeln die Qualitäten wider, nach denen Menschen auf ihrer spirituellen Reise streben. So wie der Tiger furchtlos durch sein Revier streift, streben die Menschen danach, dieselbe Tapferkeit zu verkörpern, wenn sie sich durch die Komplexität des Lebens bewegen.

Die kulturelle Bedeutung des bengalischen Tigers ist nicht auf eine bestimmte Region oder Zeitspanne beschränkt. Seine Anziehungskraft geht über die Grenzen hinaus und macht ihn zu einem allgemein anerkannten Symbol für Macht, Wohlstand und spirituelle Bedeutung. Von alten Zivilisationen bis hin zu modernen Gesellschaften ist der Einfluss des Tigers tief in verschiedene Aspekte der Kultur eingebettet.

Während wir die ungezähmte Majestät des bengalischen Tigers weiter erforschen, werden wir den tiefgreifenden Einfluss, den er auf Kunst, Literatur, Rituale und gesellschaftliche Normen hatte, entschlüsseln. Wir werden uns mit den Bräuchen und Traditionen befassen, die die Bedeutung des Tigers geprägt haben, und mit der Frage, wie er die Menschen auf der ganzen Welt weiterhin fasziniert und inspiriert. Die zweite Hälfte dieses Kapitels wird uns auf eine Reise in das faszinierende Reich der kulturellen Feste, der Schutzbemühungen und der komplizierten Beziehung zwischen den Menschen und dem bengalischen Tiger mitnehmen. Doch lassen Sie uns erst einmal in die rätselhafte Anziehungskraft dieser außergewöhnlichen Raubkatze eintauchen und am Ende eines Satzes innehalten, um zu erfahren, was vor uns liegt: Mit seinem tiefgreifenden Einfluss auf Kunst, Literatur, Rituale und gesellschaftliche Normen ist die kulturelle Bedeutung des bengalischen Tigers sowohl zeitlos als auch weitreichend. Wir tauchen ein in das faszinierende Reich der kulturellen Feste, der Schutzbemühungen und der komplizierten Beziehung zwischen den Menschen und dem majestätischen Tiger und entdecken eine noch tiefere Verbindung zwischen dieser außergewöhnlichen Raubkatze und den Gesellschaften, die sie verehren.

Kulturelle Feiern rund um den bengalischen Tiger spiegeln die Ehrfurcht und Bewunderung wider, die die Menschen diesem Tier entgegenbringen. In verschiedenen Regionen werden Feste und Veranstaltungen zu Ehren der Kraft und spirituellen Bedeutung des Tigers abgehalten. Diese Feste sind oft mit lebhaften Umzügen, traditionellen Tänzen und aufwändigen Kostümen verbunden, die eine Hommage an das ikonische gestreifte Raubtier darstellen. Durch diese Feste kommen die Gemeinschaften zusammen, um der Rolle des

Tigers in ihrem kulturellen Erbe zu gedenken, was ihre Verbundenheit mit dieser rätselhaften Kreatur weiter stärkt.

Die Bemühungen zum Schutz des bengalischen Tigers sind ein Beleg für seine anhaltende Bedeutung und die dringende Notwendigkeit, seinen Lebensraum zu erhalten. In Anerkennung der lebenswichtigen Rolle dieser Spitzenraubtiere für die Aufrechterhaltung des ökologischen Gleichgewichts haben viele Organisationen und Regierungen proaktive Maßnahmen ergriffen, um die schwindende Tigerpopulation zu schützen. Diese Erhaltungsinitiativen umfassen sowohl Zuchtprogramme in Gefangenschaft als auch den Schutz natürlicher Lebensräume, um das Überleben dieser großartigen Tiere für kommende Generationen zu sichern.

Die komplizierte Beziehung zwischen den Menschen und dem bengalischen Tiger geht über den Bereich der Symbolik und der Schutzbemühungen hinaus. Sie ist tief in das Leben und den Lebensunterhalt derjenigen eingebettet, die in der Nähe von Tigerreservaten und Schutzgebieten leben. Für die Einheimischen ist die Anwesenheit des majestätischen Tigers eine ständige Erinnerung an das empfindliche Gleichgewicht zwischen Wildtieren und menschlichen Gemeinschaften. Als Spitzenprädatoren ihrer Ökosysteme steht die Existenz der Tiger für die Gesundheit und Vitalität der sie umgebenden natürlichen Lebensräume.

Darüber hinaus erstreckt sich die kulturelle Bedeutung des bengalischen Tigers auf traditionelle medizinische Praktiken in einigen Gesellschaften. In bestimmten asiatischen Kulturen werden verschiedene Teile des Tigers, darunter Knochen und Organe, seit jeher in der traditionellen Medizin verwendet. Diese Praktiken sind jedoch aufgrund von Bedenken hinsichtlich des Naturschutzes und des illegalen Handels mit Wildtieren in Frage gestellt worden. Es werden Anstrengungen unternommen, um die Gemeinschaften über die Bedeutung des Schutzes dieser großartigen Tiere aufzuklären und nachhaltige Alternativen zu finden, um sowohl die kulturellen Praktiken als auch die Artenvielfalt zu erhalten.

Zusammenfassend lässt sich sagen, dass die ungezähmte Majestät des bengalischen Tigers im Laufe der Geschichte die Fantasie verschiedener Gesellschaften angeregt hat. Von seiner Assoziation mit Macht, Wohlstand und immenser spiritueller Bedeutung bis hin zu seiner Verkörperung von Mut und Tapferkeit - die kulturelle Bedeutung des Tigers kennt keine Grenzen. Wenn wir unsere Erkundung des tiefgreifenden Einflusses des bengalischen Tigers auf Kunst, Literatur, Rituale und gesellschaftliche Normen fortsetzen, tauchen wir in eine Welt ein, in der die Verehrung und Bewunderung für diese außergewöhnliche Raubkatze unerschütterlich ist.

Wenn wir über die Anziehungskraft des bengalischen Tigers und seinen unauslöschlichen Einfluss auf die menschliche Kultur nachdenken, werden wir an die Notwendigkeit erinnert, diese großartigen Kreaturen zu schützen und zu erhalten. Indem wir die kulturelle Bedeutung des Tigers anerkennen und unsere Verantwortung für den Schutz seiner Existenz wahrnehmen, bemühen wir uns um eine Zukunft, in der die wilde Majestät des bengalischen Tigers auch künftige Generationen inspirieren und in Ehrfurcht versetzen wird.

ABSCHNITT 5: DIE ZUKUNFT DES BENGALISCHEN TIGERS

Schauen Sie in die Zukunft, wenn wir mögliche Lösungen und Strategien diskutieren, um das langfristige Überleben und Gedeihen des bengalischen Tigers zu sichern, und betonen Sie, wie wichtig kollektives Handeln und globale Zusammenarbeit sind.

Der majestätische und ungezähmte bengalische Tiger, einst ein Symbol für Stärke und Anmut auf dem indischen Subkontinent, steht nun vor einer ungewissen Zukunft. Beim Blick auf den Horizont wird klar, dass das Schicksal dieser ikonischen Tierart in unseren Händen liegt. Wir stehen an einem kritischen Punkt, an dem wir uns dringend mit den zahlreichen Herausforderungen befassen müssen, die das Überleben dieser großartigen Kreaturen bedrohen.

Die Schutzbemühungen haben in den letzten Jahren große Fortschritte gemacht, aber es muss noch mehr getan werden, um die Zukunft des bengalischen Tigers zu sichern. Ein wichtiger Aspekt ist die Erhaltung und Wiederherstellung der natürlichen Lebensräume des Tigers. Das einst riesige

Verbreitungsgebiet des bengalischen Tigers hat sich durch die fortschreitende Abholzung und Zersiedelung erheblich verkleinert. Der Schutz und die Ausweitung bestehender Schutzgebiete muss oberste Priorität haben, ebenso wie die Schaffung neuer Korridore und Pufferzonen, die eine sichere Fortbewegung und Aufzucht ermöglichen.

Darüber hinaus stellt der illegale Handel mit Wildtieren eine ständige Bedrohung für das Überleben des bengalischen Tigers dar. Die Wilderei treibt diesen illegalen Markt weiter an, auf dem Knochen, Haut und andere Körperteile des Tigers exorbitante Preise erzielen. Die Verabschiedung einer Null-Toleranz-Politik gegenüber dem Handel mit Wildtieren und die Verstärkung der Durchsetzungsmaßnahmen sind unerlässlich, um diesen illegalen Handel einzudämmen. Darüber hinaus kann die Sensibilisierung der lokalen Gemeinschaften für die Bedeutung des Schutzes von Wildtieren wesentlich dazu beitragen, potenzielle Wilderer abzuschrecken.

Eine weitere wichtige Herausforderung ist die Verringerung der Konflikte zwischen Mensch und Wildtieren. Da die menschliche Bevölkerung wächst und die Lebensräume schrumpfen, verschärfen sich die Konflikte zwischen Tigern und lokalen Gemeinschaften. Diese Konflikte entstehen oft durch den Wettbewerb um Ressourcen oder durch Vergeltungsmaßnahmen nach der Plünderung von Nutztieren. Die Umsetzung innovativer Lösungen wie gemeinschaftsbasierte Erhaltungsinitiativen und die Schaffung von Anreizen für die Koexistenz können dazu beitragen, eine harmonische Beziehung zwischen Menschen und bengalischen Tigern zu fördern.

Nicht nur Einzelpersonen oder Gemeinschaften, sondern ganze Nationen müssen ihre Kräfte bündeln, um die Zukunft des bengalischen Tigers zu sichern. Gemeinsame Anstrengungen sind unerlässlich, um grenzüberschreitende Probleme anzugehen, da diese majestätischen Kreaturen keine politischen Grenzen kennen. Regionale Zusammenarbeit, der Austausch bewährter Praktiken und die Bündelung von Ressourcen können die Schutzergebnisse verbessern. Die Globale Tiger-Initiative, die Regierungen, Nichtregierungsorganisationen und Naturschützer zusammenbringt, hat vielversprechende Ergebnisse gezeigt und unterstreicht, wie wichtig die Zusammenarbeit ist, um gemeinsame Ziele zu erreichen.

Um die Zukunft des bengalischen Tigers zu sichern, sind jedoch nicht nur Sofortmaßnahmen, sondern auch langfristige Visionen erforderlich. Der Klimawandel stellt uns vor noch nie dagewesene Herausforderungen, die die Lebensräume des Tigers verändern und seine empfindlichen Ökosysteme stören können. Da die Temperaturen steigen und die Wettermuster unberechenbar werden, ist eine Anpassung der Schutzstrategien zur Abschwächung dieser Auswirkungen unumgänglich. Den Tiger heute zu schützen bedeutet, die Artenvielfalt und das ökologische Gleichgewicht von morgen zu sichern.

In dieser sich ständig verändernden Welt hängt das Schicksal des bengalischen Tigers nicht nur von der Erhaltung seiner Lebensräume oder der Bekämpfung illegaler Aktivitäten ab, sondern auch von unserer Fähigkeit, ein kollektives Gewissen zu entwickeln. Es erfordert ein kollektives Verständnis dafür, dass das Überleben dieser bemerkenswerten Spezies unser Engagement für die Erhaltung der natürlichen Welt für künftige Generationen widerspiegelt. Die Zukunft des bengalischen Tigers ist mit der unseren verflochten, und es liegt an uns, dafür zu sorgen, dass seine ungezähmte Majestät auch in den kommenden Jahrhunderten erhalten bleibt.

Wenn wir uns eingehender mit der Zukunft des bengalischen Tigers befassen, wird deutlich, dass die Schutzbemühungen über die unmittelbaren Herausforderungen hinausgehen müssen. Während der Schutz ihrer Lebensräume und die Bekämpfung illegaler Aktivitäten von entscheidender Bedeutung sind, erfordert die langfristige Vision, dass wir uns auf Innovationen einlassen und uns an die sich entwickelnden Bedrohungen für diese majestätischen Kreaturen anpassen.

Einer der wichtigsten Aspekte, die unsere Aufmerksamkeit erfordern, ist die genetische Variabilität der Population des bengalischen Tigers. Mit fragmentierten Lebensräumen und isolierten Populationen wird die Inzucht zu einem großen Problem. Der Verlust der genetischen Vielfalt beeinträchtigt nicht nur die Fähigkeit der Tiger, sich an veränderte Umweltbedingungen anzupassen, sondern erhöht auch ihre Anfälligkeit für Krankheiten und verringert den allgemeinen Reproduktionserfolg. Um dem entgegenzuwirken, müssen wir strategische Umsiedlungen von Tigern durchführen und dabei die genetische Kompatibilität, die Populationsdynamik und die Verfügbarkeit von Lebensraum sorgfältig berücksichtigen. Durch die Schaffung von Korridoren zwischen bestehenden Lebensräumen können wir den Genfluss fördern und genetische Engpässe minimieren, um die langfristige Überlebensfähigkeit der Art zu gewährleisten.

Zusätzlich zu den genetischen Bedenken stellt der Klimawandel die Zukunft des bengalischen Tigers vor große Herausforderungen. Steigende Temperaturen, veränderte Niederschlagsmuster und extreme Wetterereignisse drohen ihre Lebensräume umzugestalten und empfindliche Ökosysteme zu stören. Wir müssen Strategien zur Anpassung an den Klimawandel in unsere Schutzpläne einbeziehen, indem wir Gebiete identifizieren, die wahrscheinlich resistent gegen die Auswirkungen des Klimawandels bleiben, und ihnen Priorität beim Schutz einräumen. Die Umsetzung von Aufforstungsinitiativen, die Wiederherstellung geschädigter Lebensräume und die Förderung nachhaltiger landwirtschaftlicher Praktiken können dazu beitragen, die Auswirkungen des Klimawandels abzumildern und gleichzeitig lebenswichtige Ressourcen für die Tiger bereitzustellen.

Bildung und Bewusstseinsbildung bilden die Grundlage für nachhaltige Schutzmaßnahmen. Die Stärkung der lokalen Gemeinschaften, insbesondere derjenigen, die in unmittelbarer Nähe von Tigerhabitaten leben, ist von größter Bedeutung. Indem wir sie in Entscheidungsprozesse einbeziehen, ihnen alternative Einkommensmöglichkeiten bieten und das Bewusstsein für den Wert dieser großartigen Tiere schärfen, können wir ein Gefühl der Eigenverantwortung entwickeln und die Koexistenz fördern. Die Zusammenarbeit mit Schulen, Gemeindevorstehern und religiösen Einrichtungen kann dazu beitragen, eine Kultur der Umweltverantwortung zu schaffen, in der der Schutz des bengalischen Tigers als kollektive Verantwortung angesehen wird.

Der technologische Fortschritt bietet ein immenses Potenzial zur Revolutionierung der Naturschutzbemühungen. Mit dem Aufkommen von Satellitenbildern, Fernerkundung und künstlicher Intelligenz können wir Überwachungs- und Kontrollsysteme verbessern, um illegale Aktivitäten wirksamer zu bekämpfen. Protokolle zur Überwachung von Tigerpopulationen, zur Verfolgung ihrer Bewegungen und zur Erkennung von Anzeichen für Wilderei oder Störungen des Lebensraums können in eine umfassende Datenbank integriert werden, auf die Wissenschaftler, Naturschützer und Vollzugsbehörden Zugriff haben. Dieser Informationsaustausch in Echtzeit kann schnelle Reaktionsmaßnahmen erleichtern und bei der Identifizierung von Hochrisikogebieten helfen, die sofortige Aufmerksamkeit erfordern.

In unserem Bestreben, die Zukunft des bengalischen Tigers zu sichern, ist es von entscheidender Bedeutung, die internationale Zusammenarbeit und Kooperation zu fördern. Durch den Aufbau von Partnerschaften zwischen Ländern, die gemeinsame Nutzung von Wissen und Ressourcen und die Unterstützung von Initiativen wie dem Global Tiger Forum können wir unsere Bemühungen bündeln und die Schutzergebnisse maximieren. Internationale Plattformen, die den Informationsaustausch, den Aufbau von Kapazitäten und die gemeinsame Forschung fördern, können Innovationen vorantreiben und gleichzeitig die Notwendigkeit eines globalen Umgangs mit unserem gemeinsamen Naturerbe unterstreichen.

Zusammenfassend lässt sich sagen, dass die Sicherung der Zukunft des bengalischen Tigers konzertierte Maßnahmen an mehreren Fronten erfordert. Indem wir die Wissenschaft nutzen, Technologien einsetzen, die Beteiligung der

Bevölkerung fördern und die internationale Zusammenarbeit verstärken, können wir sicherstellen, dass die ungezähmte Majestät dieser ikonischen Kreaturen auch für kommende Generationen erhalten bleibt. Die Zukunft des bengalischen Tigers ist nicht nur ihre eigene, sondern auch das Vermächtnis, das wir unseren Kindern hinterlassen, und eine zeitlose Erinnerung daran, dass unsere heutigen Entscheidungen die Erhaltungsschlachten von morgen bestimmen. Lassen Sie uns die Herausforderung annehmen und einen Kurs einschlagen, der diese bemerkenswerte Art für alle Zeiten schützt.

KAPITEL 3: DER SIBIRISCHE TIGER

ABSCHNITT 1: DER SIBIRISCHE TIGER - KÖNIG DER TAIGA

Die riesige, unnachgiebige Taiga Sibiriens birgt ein Geheimnis, einen majestätischen und ungezähmten Herrscher, den sibirischen Tiger. In dieser Sektion werden wir die Herrschaft dieser rätselhaften Kreatur erforschen und uns mit ihrer Dominanz und Bedeutung in dieser unerbittlichen Wildnis auseinandersetzen.

Auf den ersten Blick besticht der Sibirische Tiger durch seine schiere Größe und beeindruckende Präsenz. Mit einem Gewicht von bis zu 700 Pfund und einer Länge von mehr als 10 Fuß ist er die größte Tigerart der Welt. Sein dickes Fell, das für die bittere Kälte Sibiriens gemacht ist, zeugt von seiner Fähigkeit, auch unter den härtesten Bedingungen zu überleben und zu gedeihen.

In den Tiefen der Taiga ist der sibirische Tiger das ultimative Raubtier, unübertroffen in seinen Jagdfähigkeiten. Dank seiner Tarnkappe und Beweglichkeit kann er sich lautlos durch den dichten Wald bewegen und sich unbemerkt an seine Beute heranpirschen. Mit seinem scharfen Seh-, Geruchs- und Gehörsinn kann er seine Beute aus meilenweiter Entfernung aufspüren und sich so seinen Platz als unangefochtener

Herrscher dieser schneebedeckten Gebiete sichern.

Der sibirische Tiger besticht nicht nur durch seine körperliche Erscheinung, sondern auch durch seine Bedeutung für das Ökosystem, die nicht hoch genug eingeschätzt werden kann. Als Spitzenprädator spielt er eine entscheidende Rolle bei der Aufrechterhaltung des empfindlichen Gleichgewichts in der Taiga. Indem er Huftiere wie Hirsche, Wildschweine und Elche erbeutet, verhindert er eine Überpopulation und sichert so das Überleben von Pflanzenarten und die allgemeine Gesundheit des Ökosystems. Ohne die Anwesenheit des Sibirischen Tigers wäre diese empfindliche Harmonie gestört, was zu kaskadenartigen Auswirkungen in der gesamten Taiga führen würde.

Die Bedeutung des sibirischen Tigers liegt jedoch nicht nur im ökologischen Bereich. Dieses prächtige Tier hat für die Menschen in Sibirien eine tiefe kulturelle und symbolische Bedeutung. Er wird gleichermaßen verehrt und gefürchtet und ist seit Jahrhunderten Teil ihrer Folklore und Traditionen. Geschichten über seine Majestät und Kraft werden seit Generationen überliefert und haben seine Position als Symbol der sibirischen Wildnis gefestigt.

Leider ist die Vorherrschaft des Sibirischen Tigers durch menschliche Aktivitäten und Umweltzerstörung bedroht. Der Verlust von Lebensraum durch Abholzung, illegale Wilderei wegen seines wertvollen Fells und seiner Körperteile sowie Konflikte mit Menschen haben diese königliche Art an den Rand des Aussterbens gebracht. Es gibt zwar Bemühungen zur Erhaltung der Art, aber die Herausforderungen sind immens.

Zum Abschluss der ersten Hälfte dieses Abschnitts steht die ungezähmte Majestät des sibirischen Tigers als Zeugnis für das Wunder und die Vollkommenheit der Natur. Seine Dominanz über die Taiga ist beeindruckend, und seine Bedeutung für das sibirische Ökosystem und die Kultur kann nicht unterschätzt werden. In der zweiten Hälfte dieses Abschnitts werden wir uns eingehender mit den Anpassungen und Verhaltensweisen dieser großartigen Kreatur befassen und die Geheimnisse lüften, die sie zum wahren König der Taiga machen. Doch lassen Sie uns erst einmal seine unvergleichliche Pracht bewundern, mit der er lautlos über sein verschneites Reich herrscht.

**Die Entschlüsselung der Anpassungen und Verhaltensweisen des Sibirischen Tigers ist wie das Erforschen der Geheimnisse eines gut bewachten Königreichs. In dieser zweiten Hälfte von Abschnitt 1 werden wir uns tiefer in die ungezähmte Majestät dieser bemerkenswerten Kreatur wagen und ihre atemberaubenden körperlichen Eigenschaften und beeindruckenden Jagdtechniken erforschen.

Eine der außergewöhnlichsten Anpassungen des sibirischen Tigers ist sein dichtes Fell, das wie ein natürlicher Panzer gegen die extreme Kälte der Taiga wirkt. Dieses atemberaubende Fell, das aus einer Unterschicht aus dichtem Fell und einer Oberschicht aus längeren Deckhaaren besteht, isoliert und hilft bei der Regulierung der Körpertemperatur in den harten sibirischen Wintern. Dank seiner ausgeprägten orange-goldenen Färbung, die mit schwarzen, individuell gemusterten Streifen versehen ist, kann sich der Tiger mühelos in das dichte Laubwerk der Taiga einfügen, was seine heimlichen Jagdfähigkeiten noch verstärkt.

Der sibirische Tiger bewegt sich anmutig und wendig und besitzt eine angeborene Fähigkeit, sich im dichten Unterholz der Taiga zurechtzufinden. Sein muskulöser Körperbau in Kombination mit seinen großen Pfoten, die mit einziehbaren Krallen ausgestattet sind, ermöglicht ihm eine lautlose Annäherung an seine Beute. So kann sich der Tiger unbemerkt nähern, was seine Chancen auf eine erfolgreiche Tötung erhöht. Mit seinem kräftigen Kiefer und den rasiermesserscharfen Zähnen erledigt er seine Beute schnell und nimmt sich nur das, was er braucht, um seinen gewaltigen Körper zu ernähren.

Aber es sind nicht nur die physischen Eigenschaften des sibirischen Tigers, die zu seiner Herrschaft über die Taiga beitragen. Die hochentwickelten Sinne der Kreatur sind bewundernswert. Seine bernsteinfarbenen Augen verfügen über ein außergewöhnliches Nachtsichtvermögen, das es ihm ermöglicht, auch bei schwachem Licht in der sibirischen Wildnis effektiv zu jagen. Sein scharfes und differenziertes Gehör kann die feinsten Geräusche wahrnehmen, vom Rascheln der Beute im Unterholz bis hin zur Annäherung eines rivalisierenden Tigers, der in sein Revier eindringt. Darüber hinaus ist sein Geruchssinn unübertroffen und ermöglicht es ihm, seine Beute selbst unter einer meterhohen Schneedecke aufzuspüren, was ihm das Überleben in den härtesten Wintern sichert.

Die territoriale Natur des sibirischen Tigers festigt seine Herrschaft als König der Taiga. Jeder Tiger markiert sein weitläufiges Territorium akribisch mit Duftmarken und tiefen Krallenspuren an Bäumen. Auf diese Weise zieht er klare Grenzen, verteidigt sein Gebiet gegen Eindringlinge und sichert sich den Zugang zu Beute und potenziellen Partnern. Gelegentlich kommt es zu heftigen Zusammenstößen zwischen rivalisierenden Männchen, ein Beweis für ihre unerschütterliche Entschlossenheit, ihr Reich zu schützen.

Zum Abschluss dieses Abschnitts wird deutlich, dass der sibirische Tiger nicht nur ein Herrscher ist, sondern auch ein Symbol für Widerstandsfähigkeit und Macht. Seine Anpassungen und Verhaltensweisen haben es ihm ermöglicht, die unnachgiebige Taiga zu erobern und sowohl ökologische als auch kulturelle Landschaften unauslöschlich zu prägen. Da die Menschheit jedoch in seinen Lebensraum eindringt, liegt es in unserer Verantwortung, den rechtmäßigen Platz des Sibirischen Tigers in der Welt zu schützen. Nur durch engagierte Schutzbemühungen und ein kollektives Engagement für den Erhalt dieser majestätischen Kreatur können wir sicherstellen, dass er auch weiterhin über das wunderbare Reich der Taiga herrscht.

Verneigen wir uns vor der wilden Majestät des sibirischen Tigers, einem lebenden Beweis für die Pracht der Schöpfung der Natur, dessen ungezähmte Schönheit die schneebedeckte Landschaft überragt, einem wahren König der Taiga.

ABSCHNITT 2: DIE UNGEZÄHMTE WILDNIS - SIBIRIENS RAUER LEBENSRAUM

E r taucht ein in die unbarmherzige Landschaft Sibiriens und zeigt die Herausforderungen und Anpassungen, die der sibirische Tiger zum Überleben braucht.

Der Sibirische Tiger, auch als Amurtiger bekannt, ist ein majestätisches Tier, das die riesige und tückische Wildnis

Sibiriens durchstreift. Dieses ungezähmte Reich, das für seine extremen Wetterbedingungen und sein unerbittliches Terrain bekannt ist, stellt diese prächtigen Raubkatzen vor eine Reihe einzigartiger Herausforderungen. Um die bemerkenswerten Überlebenstaktiken des sibirischen Tigers zu verstehen, muss man sich zunächst die rohe Kraft und Schönheit seines rauen Lebensraums vor Augen führen.

Sibirien, ein Land von atemberaubender Erhabenheit, erstreckt sich über Millionen von Quadratkilometern und umfasst verschiedene Ökosysteme, die von dichten Taigawäldern bis zu ausgedehnten Graslandschaften reichen. In diesem riesigen Gebiet sinken die Temperaturen auf knochenkalte Tiefstwerte und versprechen einen Winter, der sich über Monate hinzieht. Diese brutalen Bedingungen haben den sibirischen Tiger zu einer Kreatur von mythischer Widerstandsfähigkeit gemacht.

In den eisigen Wintern Sibiriens bedeckt Schnee das Land und verwandelt die Landschaft in eine weiße Leinwand, die einen komplizierten Tanz zwischen Überleben und Anpassung inszeniert. Das dicke Fell des sibirischen Tigers, bestehend aus einem groben Außenfell und einer dichten, isolierenden Unterwolle, wirkt wie ein natürlicher Panzer gegen den beißenden Frost. Diese bemerkenswerte Anpassung schützt den Tiger nicht nur vor der bitteren Kälte, sondern ermöglicht es ihm auch, sich nahtlos in seine verschneite Umgebung einzufügen, was seine Fähigkeit, ahnungslosen Beutetieren aufzulauern, verbessert.

Der sibirische Tiger hat jedoch nicht nur mit der unbarmherzigen Kälte zu kämpfen. Der Nahrungsmangel stellt eine ständige Bedrohung dar und zwingt diese Spitzenprädatoren dazu, innovative Jagdtechniken zu entwickeln. Seine immense Größe, gepaart mit einem außergewöhnlichen Maß an Beweglichkeit, ermöglicht es dem Tiger, die schneebedeckte Landschaft heimlich zu durchqueren und sich auf der Suche nach Nahrung durch die Wildnis zu bewegen. Der Schnee ist dabei sowohl Verbündeter als auch

Feind, denn er verstärkt das Geräusch jedes zarten Schritts und zwingt den sibirischen Tiger, sich mit unvergleichlicher Präzision und Anmut zu bewegen.

In diesem ungezähmten Lebensraum besteht die Hauptbeute des Tigers aus Huftieren wie Hirschen und Wildschweinen. Ihr Überleben hängt jedoch von der Fähigkeit des Raubtiers ab, sich an eine sich ständig verändernde Umgebung anzupassen. Wenn der Winter in den Frühling übergeht, schmilzt der Schnee und verändert das sibirische Terrain, wodurch verborgene Gefahren und neue Möglichkeiten zum Vorschein kommen. Die Flüsse rauschen mit eisiger Wildheit, und die Wiesen erwachen zu einer pulsierenden Explosion von Flora und Fauna. In dieser Übergangszeit muss der sibirische Tiger seine Jagdstrategie anpassen und den Reichtum einer Welt nutzen, die aus ihrem eisigen Schlummer erwacht.

Die Herausforderungen, denen sich der sibirische Tiger stellen muss, um in der unerbittlichen Wildnis Sibiriens zu gedeihen, erfordern ein unvergleichliches Maß an Stärke, Beweglichkeit und Anpassungsfähigkeit. Diese einzigartige Umgebung hat diese Raubkatzen zu wilden Herrschern des Schnees geformt, die die ungezähmte Majestät der am meisten verehrten Raubtiere der Natur verkörpern. In der zweiten Hälfte dieses Abschnitts werden wir ihre soziale Dynamik, ihr schwer fassbares Wesen und das heikle Gleichgewicht zwischen Überleben und Aussterben näher erforschen. Machen Sie sich auf die Enthüllungen gefasst, die hinter der nächsten Abzweigung liegen, wenn wir die unerzählten Geschichten des sibirischen Tigers und seiner fesselnden Existenz in freier Wildbahn aufdecken.

Der sibirische Tiger, ein furchterregendes Raubtier mit außergewöhnlichen körperlichen Eigenschaften, beherrscht die ungezähmte Majestät der sibirischen Wildnis. Seine Rolle als Herrscher des Schnees wird nicht nur durch seine Fähigkeiten als Jäger definiert, sondern auch durch die Feinheiten seiner sozialen Dynamik und das empfindliche Gleichgewicht zwischen Überleben und Aussterben.

In den riesigen Weiten der sibirischen Wildnis lebt der sibirische Tiger als Einzelgänger. Als territoriales Tier erhebt er Anspruch auf weitläufiges Land und markiert sein Revier mit starken, stechenden Duftmarken. Diese Grenzen werden erbittert verteidigt, da Eindringlinge eine gewaltsame Konfrontation und eine mögliche Vertreibung aus der Region riskieren. Durch die Durchsetzung dieser Territorien stellen sibirische Tiger sicher, dass genügend Ressourcen für die Jagd und die Paarung zur Verfügung stehen, und verringern so das Risiko der Übernutzung ihres empfindlichen Ökosystems.

Die Bewegungen des Sibirischen Tigers sind geheimnisvoll und schwer fassbar und werden oft im Verborgenen ausgeführt. Seine Tarnfähigkeit und seine Fähigkeit, sich nahtlos in die Umgebung einzufügen, machen ihn zu einem Meister der Tarnung, was seinen Status als mächtiges und schwer fassbares Raubtier noch verstärkt. Selten von Menschen gesehen, schleicht er durch das dichte Unterholz und durchquert lautlos das Terrain, wobei er nur flüchtige Spuren seiner Anwesenheit hinterlässt.

Für den sibirischen Tiger steht das empfindliche Gleichgewicht zwischen Überleben und Aussterben auf dem Spiel. Wilderei und Lebensraumverlust bedrohen seinen Bestand und bringen diese majestätischen Tiere an den Rand der Ausrottung. Die Bemühungen zum Schutz und zur Erhaltung dieser prächtigen Katzen haben sich als sehr hilfreich erwiesen, aber der Kampf um ihre Zukunft ist noch lange nicht vorbei.

Organisationen, die sich für das Überleben des Sibirischen Tigers einsetzen, arbeiten unermüdlich an der Bekämpfung von Wilderei und illegalem Handel und konzentrieren sich gleichzeitig auf die Erhaltung und Wiederherstellung des Lebensraums. Die Zusammenarbeit zwischen lokalen Gemeinschaften, Regierungen und internationalen Gremien ist von entscheidender Bedeutung, um diese Bedrohungen einzudämmen und eine nachhaltige Zukunft für den sibirischen Tiger und sein empfindliches Ökosystem zu gewährleisten.

Durch diese Schutzbemühungen besteht Hoffnung für

den Fortbestand des Sibirischen Tigers. Auf der Grundlage wissenschaftlicher Forschung und Daten werden Schritte unternommen, um Schutzgebiete und Korridore zu schaffen, die eine ungehinderte Fortbewegung und Fortpflanzungsmöglichkeiten ermöglichen. Durch die Schaffung dieser lebenswichtigen ökologischen Netzwerke kann der Sibirische Tiger gedeihen und seine Population wieder aufbauen und sich so gegen das drohende Aussterben wehren.

Wenn wir tiefer in die unerzählten Geschichten des sibirischen Tigers eintauchen, entdecken wir eine Welt, in der sich die ungezähmte Schönheit der sibirischen Wildnis mit dem wilden Überlebensinstinkt dieser majestätischen Kreaturen vermischt. In der Einsamkeit und Stille dieser unbarmherzigen Umgebung bleibt der sibirische Tiger ein Symbol für Stärke, Widerstandsfähigkeit und die ungezähmte Majestät der am meisten verehrten Raubtiere der Natur.

Lassen Sie uns gemeinsam erkennen, wie wichtig es ist, diese Herrscher des Schnees zu schützen und die Verantwortung für den Erhalt der ungezähmten Wildnis, die sie ihr Zuhause nennen, zu übernehmen. Auf diese Weise stellen wir sicher, dass auch künftige Generationen von der unvergleichlichen Größe und Mystik des sibirischen Tigers und der rohen Kraft, die er im rauen Lebensraum der ungezähmten Wildnis Sibiriens besitzt, fasziniert sein werden.

ABSCHNITT 3: LEBEN IN DER EINSAMKEIT - DAS GEHEIMNISVOLLE WESEN DES SIBIRISCHEN TIGERS

In den unermesslichen und unbarmherzigen Weiten der sibirischen Taiga regiert ein einsames Geschöpf. Es streift durch die dichten, schneebedeckten Wälder und verschmilzt lautlos mit der winterlichen Landschaft. Der Sibirische Tiger, der auch als Amurtiger bekannt ist, löst gleichermaßen Furcht und Faszination aus. Diese schwer fassbare Raubkatze, deren Existenz von einem Hauch von Geheimnis umgeben ist, führt einen einzigartigen, einsamen Lebensstil.

Der sibirische Tiger unterscheidet sich von seinen katzenartigen Artgenossen durch sein Einzelgängerdasein. Im Gegensatz zu Löwen, die in sozialen Rudeln gedeihen, bewegen sich diese majestätischen Raubtiere in ihrer rauen

Umgebung allein. Die Gründe für ihre einsame Lebensweise sind vielschichtig und liegen in einer Kombination aus Umweltanpassungen und individuellen Vorlieben begründet.

Der Grund für dieses rätselhafte Verhalten ist das Bedürfnis des Sibirischen Tigers nach großen Territorien. Diese königlichen Kreaturen benötigen ausgedehnte Jagdgebiete, um sich selbst zu versorgen und eine konstante Nahrungsversorgung zu gewährleisten. Durch ihr Einzelgängerdasein können sie Reviere von 400 bis 700 Quadratkilometern beanspruchen und verteidigen, um sich eine ausreichende Ressourcenbasis zu sichern. Solche Reviere werden oft mit Duftmarken markiert, die sowohl als Grenze als auch als Warnung für andere Tiger dienen.

Außerhalb seines Territoriums lebt der Sibirische Tiger als Einzelgänger, was sich auch in seinen Jagdgewohnheiten widerspiegelt. Diese beeindruckenden Jäger haben die Kunst der Heimlichkeit perfektioniert und ihre Fähigkeiten verfeinert, um ungesehen und ungehört zu bleiben. Sie durchqueren das schneebedeckte Gelände mit lautloser Anmut, und ihr einsamer Lebensstil ermöglicht ihnen ein Überraschungsmoment, wenn sie sich an ihre Beute heranpirschen. Das Einzelgängerdasein des Sibirischen Tigers ermöglicht es ihm, sich während der Jagd ungestört zu konzentrieren, was eine höhere Erfolgsquote garantiert.

Auch wenn die Einsamkeit des sibirischen Tigers manchen extrem erscheinen mag, so ist sie doch nicht ohne gelegentliche Interaktionen. Die Paarung ist ein solcher Fall, bei dem diese einsamen Wesen Gesellschaft suchen. Während der Paarungszeit balzen Männchen und Weibchen in einer kurzen Zeit umeinander. Nach erfolgreicher Paarung ist das Band zwischen ihnen ebenso kurzlebig, und sie kehren auf ihre einsamen Pfade zurück. Die Weibchen tragen die Verantwortung für die Aufzucht ihrer Jungen allein, was ihre Anpassungsfähigkeit an die einsame Lebensweise von klein auf unterstreicht.

Die Mystik, die den sibirischen Tiger umgibt, geht

weit über sein Einzelgängerdasein hinaus. Geschichten über Begegnungen mit diesen schwer fassbaren Raubkatzen haben die Phantasie von Einheimischen und Forschern gleichermaßen beflügelt. Geschichten über ihre verstohlenen Bewegungen und ihre unübertroffene Kraft sind in aller Munde, und Sichtungen werden zu seltenen und geschätzten Momenten. Es ist diese Aura der Unnahbarkeit, die die Faszination und Anziehungskraft des sibirischen Tigers noch verstärkt.

Während der sibirische Tiger in seinem winterlichen Reich in herrlicher Abgeschiedenheit umherstreift, bleiben die im Schatten verborgenen Geheimnisse verlockend unerreichbar. Welche Geschichten von Triumph und Entbehrungen bestimmen ihr einsames Leben? Wie navigieren sie durch ihre riesigen Territorien und verlassen sich dabei ausschließlich auf ihren Instinkt und ihren Verstand? Die Antworten auf diese Fragen finden Sie im zweiten Teil dieses Abschnitts, der tiefer in die geheime Welt des sibirischen Tigers eindringt.

Aber im Moment stehen wir am Abgrund, am Rande des Verständnisses der ungezähmten Majestät dieser Kreaturen. Die erste Hälfte unserer Reise in das einsame Leben des sibirischen Tigers hat die Voraussetzungen dafür geschaffen, die rätselhafte Natur dieser bemerkenswerten Raubkatze zu enträtseln. Mit jedem Schritt, den der sibirische Tiger macht, hallt ein Gefühl von Zielstrebigkeit durch die unerbittliche Landschaft. In der zweiten Hälfte dieses Abschnitts wird der Schleier des Geheimnisses um diese schwer fassbaren Raubkatzen gelüftet und ein intimer Einblick in ihre geheime Welt gewährt.

Wenn die Nacht über die sibirische Taiga hereinbricht, wird das einsame Leben des Tigers noch intensiver. Diese majestätischen Raubtiere sind an das härteste Klima angepasst und verlassen sich auf ihre scharfen Sinne, um sich in ihrem riesigen Revier zurechtzufinden. Eine Symphonie der Stille erfüllt das Land, die nur durch das dumpfe Knirschen des Schnees unter ihren mächtigen Pfoten unterbrochen wird. Der sibirische Tiger ist in das Gefüge der Taiga eingewoben und bewegt sich mit einem intrinsischen Wissen, mit dem er instinktiv seine Umgebung zu seinem Vorteil nutzt.

In dieser heimlichen Existenz verkörpert der sibirische Tiger eine Dualität - ein Wesen, das sowohl wild als auch anmutig ist. In diesen einsamen Momenten kommt sein wahres Wesen zum Vorschein. Ihre messerscharfen Ohren lauschen auf der Jagd auf das leiseste Rascheln und ermöglichen es ihnen, mit tödlicher Präzision zuzuschlagen. Ihre bernsteinfarbenen, intensiven Augen scannen den Horizont und nehmen selbst die kleinste Bewegung wahr.

Obwohl der sibirische Tiger in den Mythen oft als einsamer Wanderer dargestellt wird, ist er auch jenseits der Paarung zur sozialen Interaktion fähig. Gelegentlich kreuzen sich die Wege dieser majestätischen Tiere, wenn sich ihre Reviergrenzen berühren. Diese Begegnungen sind nicht immer feindselig, sondern dienen als Momente der Kommunikation und Verhandlung, in denen beide Seiten ihre Grenzen abstecken.

In der Gegenwart eines anderen Tigers kommt es zu Dominanz- und Unterwerfungsspielen. Das Knurren hallt durch die Winterluft und vermittelt sowohl Macht als auch Respekt. In diesen spannungsgeladenen Momenten wird der Kern ihrer einsamen Existenz erneut bestätigt. Jeder sibirische Tiger muss sich auf seine individuelle Stärke und sein Können verlassen und sich seinen Platz in der unerbittlichen Wildnis erobern.

Doch das einsame Leben des sibirischen Tigers ist nicht ohne Gefahren. Diese majestätischen Kreaturen sind mit zahlreichen Herausforderungen konfrontiert, die ihr Überleben bedrohen. Das Vordringen des Menschen, der Verlust von Lebensraum und die Wilderei sind ständige Herausforderungen für diese widerstandsfähigen Tiere. Aufgrund ihres Einzelgängerdaseins ist es schwierig, ein umfassendes Verständnis ihrer Populationen und individuellen Verhaltensweisen zu erlangen, was die Bemühungen um ihren Schutz erschwert.

Je tiefer wir in das Reich des sibirischen Tigers vordringen, desto deutlicher wird, dass seine einsame Lebensweise ein Beweis für seine Widerstandsfähigkeit und Anpassungsfähigkeit ist. Ihre Fähigkeit, in der Einsamkeit zu gedeihen und sich allein in riesigen Gebieten zurechtzufinden, spiegelt die ungezähmte Majestät wider, die sie besitzen.

Die zweite Hälfte dieses Abschnitts hat die verborgenen Feinheiten des Lebens des sibirischen Tigers beleuchtet. Er hat die Herausforderungen, denen sie sich stellen, die Rituale, die sie vollziehen, und das Gleichgewicht, das sie in ihrer einsamen Existenz finden, offengelegt. Der sibirische Tiger verkörpert die Essenz von Mut und Geheimnis und ist der Herrscher des Schnees.

Wenn wir uns jetzt von diesen rätselhaften Kreaturen trennen, bleibt ein Gefühl der Ehrfurcht in der Luft hängen. Das einsame Leben des Sibirischen Tigers ist ein Wandteppich, der aus den Fäden von Stärke, Schönheit und Widerstandsfähigkeit gewebt ist. Durch unser Verständnis und unsere Wertschätzung ihrer einsamen Majestät können wir uns bemühen, ihren rechtmäßigen Platz im verschneiten Königreich, das sie ihr Zuhause nennen, zu schützen und zu erhalten.

ABSCHNITT 4: DAS ARSENAL EINES RAUBTIERS – DIE JAGDTECHNIKEN DES SIBIRISCHEN TIGERS

Die ungezähmte Majestät des sibirischen Tigers ist wahrlich beeindruckend. Mit seinem markanten orangefarbenen, schwarz gestreiften Fell, seiner beeindruckenden Größe und seinen stechenden Augen beherrscht dieses Spitzenraubtier die eisigen Landschaften, die seine Heimat sind.

Wir enthüllen die außergewöhnlichen Jagdtaktiken der sibirischen Tiger und tauchen ein in eine Welt der Tarnung, Beweglichkeit und Kraft. Diese faszinierenden Kreaturen verfügen über ein Repertoire an Fähigkeiten, das sie von allen anderen Raubtieren der Erde unterscheidet.

Ausgestattet mit einem schlanken und muskulösen Körper kann ein erwachsener Sibirischer Tiger bis zu 300 Kilogramm wiegen und vom Kopf bis zum Schwanz über 3 Meter lang werden. Diese enorme Größe verschafft ihnen einen beträchtlichen Vorteil, denn sie können damit Beutetiere überwältigen, die viel größer sind als sie selbst.

Eines der auffälligsten Merkmale des sibirischen Tigers ist seine Tarnkappe. Mit ihren gepolsterten Pfoten, die einen leichten Tritt auf dem schneebedeckten Boden ermöglichen, bewegen sie sich lautlos durch ihren Lebensraum und nutzen den Überraschungseffekt voll aus. Durch diese lautlose Annäherung können sie sich ihrer Beute nähern, ohne sie zu alarmieren, was ihre Chancen auf eine erfolgreiche Jagd erhöht.

Sobald sie in der Nähe ihres Ziels sind, legen sibirische Tiger eine erstaunliche Geschwindigkeit an den Tag. In nur wenigen Sekunden können sie auf beeindruckende 80 Kilometer pro Stunde (50 Meilen pro Stunde) beschleunigen. Ihre explosive Beweglichkeit und ihre schnellen Reflexe ermöglichen es ihnen, die Lücke zwischen sich und ihrer ahnungslosen Beute schnell zu schließen.

Obwohl ihre Höchstgeschwindigkeit bemerkenswert ist, verlassen sich sibirische Tiger oft auf Geduld und kalkulierte Bewegungen, um erfolgreich zu töten. Sie verfügen über ein bemerkenswertes Verständnis für ihre Umgebung und nutzen das Gelände geschickt zu ihrem Vorteil. Ob sie sich hinter dichter Vegetation verstecken, Vertiefungen als Deckung nutzen oder sich strategisch im Schnee tarnen - sie passen ihre Vorgehensweise an ihre Umgebung an.

Ein wesentliches Werkzeug im Arsenal des Sibirischen Tigers sind seine kräftigen Kiefer und scharfen, robusten Zähne. Mit jedem Biss können diese Raubtiere eine Kraft von über 1.000 Pfund pro Quadratzoll (psi) ausüben und mühelos die Knochen und Sehnen ihrer Beute zermalmen. Ihr furchterregender Biss wird durch rasiermesserscharfe, einziehbare Krallen ergänzt, die eine beeindruckende Länge von bis zu 10 cm erreichen können. Diese Krallen verschaffen dem Sibirischen Tiger einen unglaublichen Vorteil bei der Jagd auf Beute oder bei territorialen Auseinandersetzungen.

Mit ihrer einzigartigen Kombination aus Heimlichkeit, Beweglichkeit und Kraft sind sibirische Tiger wahre Virtuosen der Jagd. Ob sie sich an einen einsamen Elch in der Nähe eines zugefrorenen Flusses heranpirschen oder einer Hirschherde im dichten Laub auflauern - sie haben ihre Jagdtechniken über Generationen hinweg verfeinert und die Kunst des Überlebens in ihrem rauen, schneebedeckten Reich perfektioniert.

Der sibirische Tiger, der durch sein Revier streift, stellt den Höhepunkt der räuberischen Evolution dar. In den Tiefen der schneebedeckten Landschaft ist diese majestätische Kreatur ein lebendiges Zeugnis für die fesselnde Schönheit und Faszination der ungezähmten Schöpfungen der Natur.

Und so tauchen wir tiefer in die Welt der außergewöhnlichen Jagdtaktiken des sibirischen Tigers ein, gespannt auf die zweite Hälfte dieser fesselnden Geschichte. Mit angehaltenem Atem tauchen wir tiefer in die Welt der Jagdtechniken des sibirischen Tigers ein und setzen unsere ehrfurchtgebietende Reise durch die ungezähmte Majestät dieser Spitzenraubtiere fort. Während wir tiefer in ihre fesselnde Geschichte eintauchen, können wir nur erahnen, welche Überraschungen und Geheimnisse noch auf unsere Entdeckung warten.

Der Sibirische Tiger, ein Meister der Anpassung, verfügt über ein unübertroffenes Verständnis seiner Umwelt. Dieses tief verwurzelte Wissen ermöglicht es ihm, seine Umgebung zu seinem Vorteil zu nutzen und seine Beute mit kalkulierten Bewegungen und makelloser Tarnung zu verwirren. Mit ihrem unverwechselbaren orange-schwarzen Fell fügen sich sibirische Tiger gekonnt in die verschneiten Landschaften ein, die ihre Heimat sind, und verschmelzen lautlos mit der schneebedeckten Weite.

Bei der Beobachtung dieser prächtigen Raubtiere werden wir Zeuge ihrer Fähigkeit, sich in ihrem Terrain mit erstaunlicher Anmut zurechtzufinden. Dank ihrer flinken Gliedmaßen können sie die zerklüftete sibirische Landschaft mühelos durchqueren und tückischen Hängen und eisigen Klippen trotzen. Selbst unter den gefährlichsten Bedingungen zeigen sie eine unnachgiebige Entschlossenheit, angetrieben von einer wilden Entschlossenheit, sich ihre nächste Mahlzeit zu sichern.

Der sibirische Tiger hat ein feines Gespür für die Schwachstellen seiner Beute und wartet geduldig auf den richtigen Moment, um zuzuschlagen. Seine Geduld wird nur durch sein tadelloses Timing übertroffen. Mit rasiermesserscharfer Konzentration bewerten sie jede Bewegung ihres Ziels und suchen genau den Moment, in dem ihre Erfolgschancen am größten sind.

Sobald der letzte Moment gekommen ist, treten sie in Aktion, und ihre kräftigen Muskeln treiben sie mit halsbrecherischer Geschwindigkeit auf ihre Beute zu. In einer rasanten Bewegung entfesseln sie ihre ganze Kraft und setzen ihre immense Stärke ein, um ihre Beute zu Fall zu bringen. Mit einem Kiefer, der in der Lage ist, Knochen zu zermalmen, und Zähnen, die Fleisch zerreißen können, erweist sich der Sibirische Tiger als das ultimative Raubtier der Natur.

Obwohl der sibirische Tiger mit unvergleichlicher Kraft gesegnet ist, verfügt er auch über ein erstaunliches Maß an Finesse. Im Kampf können sie dank ihrer katzenartigen Reflexe den Vergeltungsschlägen ihrer Beute geschickt ausweichen, um Verletzungen zu vermeiden und ihr eigenes Überleben zu sichern. Es ist dieses empfindliche Gleichgewicht zwischen Kraft und Beweglichkeit, das den Sibirischen Tiger zu einer Legende macht.

Während wir Zeuge ihrer bemerkenswerten Jagdtechniken werden, werden wir an die entscheidende Rolle erinnert, die sie bei der Erhaltung des empfindlichen Gleichgewichts ihres Ökosystems spielen. Der Sibirische Tiger ist nicht nur ein Raubtier, sondern auch ein Wächter, der die Populationen von Beutetieren in Schach hält und das Überleben seines Lebensraums sichert.

Am Ende dieses fesselnden Abschnitts sind wir beeindruckt von der Meisterschaft des sibirischen Tigers bei der Jagd. Seine Tarnkappe, Beweglichkeit und Kraft vereinen sich zu einer unbezwingbaren Kraft, einem Spitzenraubtier, das von einer bezaubernden Atmosphäre des Geheimnisses umhüllt ist. Die Majestät dieser Kreaturen hinterlässt einen unauslöschlichen

Eindruck in unserem Bewusstsein und erinnert uns für immer an die ungezähmte Brillanz der Natur.

Während wir uns darauf vorbereiten, das Reich des sibirischen Tigers zu verlassen, nehmen wir eine tiefe Wertschätzung für die Wunder der natürlichen Welt mit. Und während wir die Seite zu neuen Abenteuern umblättern, mögen wir niemals die ungezähmte Majestät der Herrscher des Schnees, der sibirischen Tiger, und die unvergleichlichen Jagdtechniken vergessen, die sie zu Legenden machen.

ABSCHNITT 5: ERHALTUNGSMASSNAHMEN - SCHUTZ DER ZUKUNFT DES SIBIRISCHEN TIGERS

Die ungezähmte Majestät des sibirischen Tigers leuchtet wie vereinzelte Sonnenflecken in den schneebedeckten Landschaften des Fernen Ostens. Als mächtige Spitzenraubtiere fügen sie sich mühelos in die unberührte Wildnis ein, ihr gestreiftes orangefarbenes Fell und ihre stechenden Augen sind der Inbegriff der subtilen, aber großartigen Tarnung der Natur.

Hinter dieser prächtigen Fassade verbirgt sich jedoch eine ernste Realität. Die Population des Sibirischen Tigers nimmt rapide ab, wodurch diese königlichen Katzen immer näher an den Rand des Aussterbens geraten. Bei einer geschätzten Population von derzeit nur etwa 500 Tieren sind dringende Schutzmaßnahmen erforderlich, um ihre zukünftige Existenz zu sichern.

Die Erhaltung des natürlichen Lebensraums der sibirischen

Tiger ist für ihr Überleben von größter Bedeutung. Diese schwer fassbaren Tiere sind auf riesige, ununterbrochene Waldgebiete angewiesen, die ihre Jagdgründe und Rückzugsgebiete sind. Leider drohen menschliche Aktivitäten wie die Abholzung von Wäldern, illegaler Holzeinschlag und die Entwicklung von Infrastrukturen, ihnen diese wichtigen Lebensgrundlagen zu entziehen.

Um dieser drohenden Gefahr zu begegnen, haben sich Regierungen, gemeinnützige Organisationen und lokale Gemeinschaften zusammengeschlossen, um den Lebensraum des Sibirischen Tigers zu schützen und wiederherzustellen. Strenge Maßnahmen gegen die Abholzung und Kampagnen zur Wiederaufforstung werden durchgeführt, um das notwendige Gleichgewicht zwischen menschlichem Fortschritt und der Erhaltung der Tierwelt zu wahren. Durch die Einrichtung von Schutzgebieten, einschließlich Nationalparks und Naturschutzgebieten, können wir diesen großartigen Tieren eine Chance geben, sich ungestört zu entwickeln.

Die Naturschützer konzentrieren sich nicht nur auf die Erhaltung des Lebensraums, sondern auch auf die Eindämmung der größten Bedrohungen für den sibirischen Tiger. Eine der größten Herausforderungen ist der illegale Handel mit Wildtieren, der durch die illegale Nachfrage nach Tigerteilen für die traditionelle Medizin und als Statussymbol angetrieben wird. Die Wilderei dezimiert nicht nur die Tigerpopulationen, sondern stört auch das empfindliche Ökosystem, in dem sie leben.

Um dieser Bedrohung entgegenzuwirken und den illegalen Wildtierhandel zu bekämpfen, haben die Strafverfolgungsbehörden ihre Bemühungen verstärkt. Spezialisierte Einheiten zur Bekämpfung der Wildtierkriminalität, die mit dem nötigen Wissen und den erforderlichen Instrumenten ausgestattet sind, arbeiten unermüdlich an der Zerschlagung krimineller Netzwerke, die in den Handel mit Tigerteilen verwickelt sind. Darüber hinaus tragen verstärkte Kampagnen zur Sensibilisierung der

Öffentlichkeit dazu bei, die Nachfrage nach solchen Produkten einzudämmen, und Bildung ist ein wichtiges Instrument, um Ansichten und Verhaltensweisen zu ändern.

Die Schutzinitiativen erstrecken sich auch auf die internationale Ebene, da die Länder zum Schutz des sibirischen Tigers zusammenarbeiten. Das 2010 ins Leben gerufene Global Tiger Recovery Program zielt darauf ab, die Population wild lebender Tiger bis 2022, dem nächsten chinesischen Jahr des Tigers, zu verdoppeln. Durch verstärkte Zusammenarbeit, den Austausch bewährter Praktiken und gemeinsame Maßnahmen zur Bekämpfung der Wilderei setzen sich die Länder gemeinsam dafür ein, diese ikonische Tierart vor dem Aussterben zu bewahren.

Im Bereich der wissenschaftlichen Forschung liefern modernste Technologien wie Satellitenortung und DNA-Analyse unschätzbare Einblicke in das Leben der Sibirischen Tiger. Diese Fortschritte ermöglichen es den Forschern, ihre Bewegungen zu kartieren, ihr Verhalten besser zu verstehen und wichtige Korridore für ihre Wanderungen zu identifizieren. Mit diesen Instrumenten können Naturschützer gezielte Strategien entwickeln, um die Verbindungswege zwischen den schwindenden Populationen zu schützen, die genetische Vielfalt zu fördern und ihr langfristiges Überleben zu sichern.

Da die Population des Sibirischen Tigers am Rande des Abgrunds steht, ist ein Gefühl der Dringlichkeit für diese bemerkenswerten Kreaturen entstanden. In der ersten Hälfte dieses Abschnitts ging es um die laufenden Schutzbemühungen, wobei die Bedeutung der Erhaltung ihres natürlichen Lebensraums und der Kampf gegen die Bedrohung durch Wilderei und Lebensraumzerstörung hervorgehoben wurde. Auch wenn der Weg zur Erholung lang und beschwerlich ist, gibt es Hoffnung. In der zweiten Hälfte dieses Abschnitts werden wir bahnbrechende Initiativen und innovative Ansätze vorstellen, die einen Lichtblick im Kampf um die Zukunft des sibirischen Tigers darstellen. In der zweiten Hälfte dieses Abschnitts werden wir bemerkenswerte Initiativen und innovative Ansätze vorstellen, die einen Hoffnungsschimmer im Kampf um die Sicherung der Zukunft der sibirischen Tiger bieten. Diese bahnbrechenden Bemühungen zielen darauf ab, die Herausforderungen, denen diese majestätischen Kreaturen gegenüberstehen, zu bewältigen, und zeigen die wahre Kraft und Widerstandsfähigkeit der Menschheit, die mit ihrer ungezähmten Majestät verflochten ist.

Ein zentraler Aspekt der Erhaltung ist die Einrichtung von Zuchtprogrammen in Gefangenschaft. Diese Programme spielen eine entscheidende Rolle bei der Aufstockung der Population sibirischer Tiger und ihrer Wiederauswilderung. Durch die sorgfältige Auswahl genetisch unterschiedlicher Individuen für die Zucht versuchen Naturschützer, eine gesunde und sich selbst erhaltende Population zu erhalten. In einigen Fällen dienen diese Programme auch als Schutz vor dem möglichen Aussterben einer bestimmten genetischen Linie.

Darüber hinaus bieten Fortschritte in der Fortpflanzungstechnologie vielversprechende Aussichten für die Erhaltung des Sibirischen Tigers. Künstliche Befruchtung, In-vitro-Fertilisation und Embryotransfertechniken werden als praktikable Optionen erforscht, um den Fortpflanzungserfolg zu gewährleisten und die genetische Vielfalt zu erhöhen. Diese innovativen Methoden haben das Potenzial, Zuchtprogramme in Gefangenschaft weiter zu stärken und zum langfristigen Überleben der Art beizutragen.

Ein weiterer bahnbrechender Weg liegt im Bereich des Engagements der Gemeinden und der Beteiligung der Öffentlichkeit. In Anerkennung der entscheidenden Rolle, die lokale Gemeinschaften bei der Erhaltung spielen, werden Initiativen entwickelt, um sie als aktive Teilnehmer und Verwalter der Ökosysteme, die den sibirischen Tiger beherbergen, einzubeziehen. Durch die Förderung eines Gefühls der Eigenverantwortung und des Stolzes ermutigen diese Bemühungen die Gemeinden, die natürlichen Lebensräume zu schützen und zu erhalten, die sowohl die Tierwelt als auch die Lebensgrundlage der Menschen erhalten.

Bildung bleibt ein zentraler Pfeiler im Kampf um die Erhaltung der sibirischen Tiger. Indem wir das Bewusstsein für diese ikonischen Großkatzen schärfen und ihnen ein Gefühl der Empathie und Verantwortung vermitteln, können wir künftige Generationen dazu inspirieren, Hüter der Natur zu werden. Bildungsprogramme in Schulen, Gemeindezentren und Medienplattformen sollen Mythen und falsche Vorstellungen über Tiger ausräumen und ihre ökologische Bedeutung und die Notwendigkeit ihres Schutzes hervorheben. Durch Aufklärung ändern sich Einstellungen und Verhaltensweisen, und es wird eine nachhaltige Zukunft für Menschen und Wildtiere geschaffen.

Auf internationaler Ebene wird die Zusammenarbeit zwischen den Ländern fortgesetzt, um die Schutzbemühungen zu verstärken. Diese Partnerschaften zielen darauf ab, den Wissensaustausch, die Strafverfolgung und die Schutzpraktiken zu verbessern. Durch die Förderung einer gemeinsamen Front gegen den illegalen Wildtierhandel arbeiten die Länder zusammen, um kriminelle Netzwerke zu zerschlagen, die das Überleben des sibirischen Tigers bedrohen. Durch eine wirksame grenzüberschreitende Koordinierung, gemeinsame Anti-Wilderei-Operationen und den Austausch von Informationen sind die Strafverfolgungsbehörden in der Lage, illegale Netzwerke zu zerschlagen und Wildtierhändler vor Gericht zu stellen.

Am Ende dieses Abschnitts wird deutlich, wie dringend notwendig Schutzinitiativen sind, um die Zukunft der sibirischen Tiger zu sichern. Die Erhaltung ihres natürlichen Lebensraums, die Bekämpfung der Wilderei und die Einbindung der lokalen Bevölkerung sind wesentliche Strategien, um das Überleben dieser königlichen Tiere zu sichern. Zuchtprogramme in Gefangenschaft, Fortschritte in der Fortpflanzungstechnologie, Aufklärung und internationale Kooperationen sind Leuchttürme der Hoffnung in diesem ständigen Kampf.

Die ungezähmte Majestät des sibirischen Tigers muss

erhalten bleiben, seine strahlende Präsenz ist ein Zeugnis der Großartigkeit der Natur. Lassen Sie uns gemeinsam, getrieben von der uns übertragenen Verantwortung, diese ehrfurchtgebietenden Kreaturen für die kommenden Generationen schützen. Auf diese Weise schützen wir nicht nur den Sibirischen Tiger, sondern auch das empfindliche Gleichgewicht unseres gemeinsamen Planeten und sichern eine Zukunft, in der die ungezähmte Majestät dieser prächtigen Katzen weiterhin durch unsere schneebedeckten Landschaften streift.

KAPITEL 4: DER INDOCHINESISCHE TIGER

ABSCHNITT 1: DER RÄTSELHAFTE INDOCHINESISCHE TIGER

Entdecken Sie die faszinierende Welt des vom Aussterben bedrohten Indochinesischen Tigers und seine Bedeutung als Symbol für das empfindliche Gleichgewicht des Dschungels.

Tief im dichten Dschungel Südostasiens lebt eine majestätische Kreatur, um die sich Geheimnisse und Ehrfurcht ranken - der Indochinesische Tiger. Als eine der sechs überlebenden Tigerunterarten nimmt der Indochinesische Tiger einen besonderen Platz in den Herzen und Köpfen von Naturliebhabern und Naturschützern gleichermaßen ein. Seine Anwesenheit steht nicht nur für die rohe Kraft und Schönheit des Tierreichs, sondern ist auch eine deutliche Mahnung an die empfindlichen Ökosysteme, die wir schützen müssen.

Der Indochinesische Tiger, wissenschaftlich bekannt als Panthera tigris corbetti, kommt vor allem in Kambodscha, Laos, Myanmar, Thailand und Vietnam vor. Mit ihrem leuchtend orangefarbenen, dunkel gestreiften Fell nötigt diese königliche Katze selbst den erfahrensten Tierbeobachtern Respekt und

Bewunderung ab. Hinter ihrer faszinierenden Erscheinung verbirgt sich jedoch eine schwierige Existenz, eine Geschichte von Kampf und Widerstandsfähigkeit.

Jahrzehntelanger Lebensraumverlust, zügellose Wilderei und illegaler Handel haben den Indochinesischen Tiger an den Rand der Ausrottung gebracht. Man schätzt, dass es heute nur noch etwa 350 Exemplare in freier Wildbahn gibt. Dieser alarmierende Rückgang der Populationszahlen hat dazu geführt, dass der Indochinesische Tiger von der International Union for Conservation of Nature (IUCN) als stark gefährdet eingestuft wurde.

Um die Bedeutung des indochinesischen Tigers voll und ganz zu verstehen, muss man seine Rolle innerhalb des komplizierten Lebensnetzes, das den Dschungel umgibt, begreifen. Als Spitzenprädator spielt der Tiger eine entscheidende Rolle bei der Aufrechterhaltung des empfindlichen Gleichgewichts des Ökosystems. Indem er Pflanzenfresser wie Hirsche und Wildschweine erbeutet, trägt er zur Regulierung ihrer Populationen bei, verhindert die Überweidung und sichert den Fortbestand der Pflanzenwelt.

Darüber hinaus ist der Indochinesische Tiger eine Schlüsselart, d. h. sein Überleben wirkt sich unmittelbar auf die strukturelle Integrität des gesamten Ökosystems aus. Sein Fehlen könnte eine Kaskade negativer Folgen auslösen, die die vernetzten Beziehungen zwischen den Arten stören und die Waage in Richtung ökologischer Zusammenbruch kippen lassen.

Ein weiterer faszinierender Aspekt der Bedeutung des indochinesischen Tigers liegt in seiner kulturellen und spirituellen Symbolik. Im Laufe der Geschichte haben Tiger einen besonderen Platz in der Folklore und Mythologie der Region eingenommen. Der indochinesische Tiger, der als Symbol für Macht, Stärke und Schutz verehrt wird, ist zu einer Ikone geworden, die tief in das kulturelle Gefüge Südostasiens eingebettet ist.

In allen Ländern, in denen er vorkommt, wird der Tiger in

verschiedenen Kunstformen, Festen und Ritualen gefeiert. Er dient als ständige Erinnerung an unsere Verbundenheit mit der Natur und an die Verantwortung, die wir für die Sicherung ihrer Zukunft tragen. Bei den Bemühungen um den Schutz des indochinesischen Tigers geht es daher nicht nur um die Erhaltung einer Art, sondern auch um die Bewahrung eines reichen kulturellen Erbes, damit auch künftige Generationen in den Genuss der Mystik und des Wunders dieser rätselhaften Kreatur kommen können.

Zum Abschluss der ersten Hälfte dieses Abschnitts wird das Leben des Indochinesischen Tigers näher beleuchtet und die immensen Herausforderungen, denen er sich stellen muss, um in einer sich rasch verändernden Welt zu überleben. Im Kampf um seine Existenz geht es nicht nur um den Schutz seines Lebensraums, sondern auch um die Bekämpfung der Ursachen von Lebensraumverlust und Wilderei. Mehr denn je ist die Zusammenarbeit zwischen Regierungen, Naturschutzorganisationen und lokalen Gemeinschaften entscheidend, um das Blatt zu wenden und dem Indochinesischen Tiger eine Zukunft zu sichern.

Wir laden Sie ein, tiefer in die ungezähmten Gefilde des Dschungels vorzudringen, wo uns ungeahnte Wunder erwarten. Die zweite Hälfte dieses Abschnitts befasst sich mit den unermüdlichen Initiativen zum Schutz dieser ikonischen Tierart und der unschätzbaren Rolle, die wir als Hüter des Dschungels bei der Sicherung ihres Überlebens spielen.

Doch lassen Sie Ihre Fantasie durch das dichte Unterholz schweifen und trösten Sie sich mit dem Wissen, dass der Indochinesische Tiger umherstreift, ein Symbol für die strahlende Schönheit der Natur, das darauf wartet, in der zweiten Hälfte dieser fesselnden Reise seine Geheimnisse zu enthüllen.im Angesicht der Widrigkeiten ist der Indochinesische Tiger zu einem Leuchtturm der Hoffnung geworden, der Naturschützer und Tierliebhaber zusammenbringt, um seine Existenz zu schützen. Organisationen in ganz Südostasien haben sich zusammengeschlossen, um der drohenden Gefahr für diese rätselhafte Kreatur zu begegnen und das empfindliche Gleichgewicht des Dschungels zu bewahren.

Eine der wichtigsten Initiativen zum Schutz des indochinesischen Tigers ist die Einrichtung von Schutzgebieten. Diese Schutzgebiete dienen als Zufluchtsorte für den Tiger und bieten wichtige Lebensräume für die Fortpflanzung, die Jagd und die Aufzucht der Jungen. Durch strenge Überwachung und Bekämpfung der Wilderei versuchen diese Schutzgebiete, Konflikte zwischen Mensch und Wildtier zu minimieren und das langfristige Überleben des Indochinesischen Tigers zu sichern.

Darüber hinaus sind die Bemühungen zur Bekämpfung der Wilderei und des illegalen Handels mit Wildtieren von entscheidender Bedeutung für die Sicherung der Zukunft des indochinesischen Tigers. Ausgestattet mit hochentwickelter Technologie arbeiten Naturschützer unermüdlich daran, illegale Netzwerke, die vom Handel mit Tigerteilen profitieren, zu zerschlagen und zu zerschlagen. Strenge Durchsetzungsmaßnahmen in Verbindung mit strengen Gesetzen und Strafen sind entscheidend, um Wilderer abzuschrecken und die Nachfrage nach Tigerprodukten zu verringern.

Auch das Engagement der Gemeinschaft spielt bei den Erhaltungsbemühungen eine zentrale Rolle. In Anerkennung der Bedeutung der lokalen Gemeinschaften für die Erhaltung des Indochinesischen Tigers wurden verschiedene Initiativen zur Förderung nachhaltiger Lebensgrundlagen im Einklang mit der Natur gestartet. Indem die Gemeinden in die Lage versetzt werden, sich an Ökotourismus, nachhaltiger Landwirtschaft und alternativen einkommensschaffenden Aktivitäten zu beteiligen, schaffen Naturschützer ein Gefühl der Eigenverantwortung und der gemeinsamen Verantwortung für den Schutz des Lebensraums des Tigers.

Darüber hinaus hat sich die internationale Zusammenarbeit als unerlässlich erwiesen, um das Überleben des indochinesischen Tigers zu sichern. Länder auf der ganzen Welt arbeiten zusammen, um die grenzüberschreitende Zusammenarbeit, den Austausch von Informationen und Initiativen zum Aufbau von Kapazitäten zu stärken. Indem sie ihre Bemühungen, ihr Wissen und ihre Ressourcen bündeln, streben sie einen koordinierten Ansatz zur Erhaltung des Indochinesischen Tigers und seines Lebensraums an.

In der zweiten Hälfte dieses Abschnitts begeben wir uns auf eine spannende Reise in das Herz dieser Schutzbemühungen. Wir werden Zeuge des unermüdlichen Einsatzes von Feldforschern, Biologen und Naturschützern bei der Bewältigung der komplexen Aufgaben zum Schutz des Indochinesischen Tigers. Ihr Engagement, das Verhalten des Tigers zu verstehen, bahnbrechende Forschungen durchzuführen und innovative Strategien umzusetzen, ist von größter Bedeutung für das Überleben des Tigers.

Während dieser fesselnden Expedition werden wir die intimen Geschichten von Menschen kennenlernen, die ihr Leben der Bewahrung des Erbes des indochinesischen Tigers gewidmet haben. Von den Rangern, die sich in den Dschungel wagen, um die Tiger zu schützen, bis hin zu den Forschern, die unschätzbare Einblicke in ihre Ökologie gewinnen, bietet jeder Einzelne eine einzigartige Perspektive, die ein lebendiges Bild der Hoffnung und Widerstandsfähigkeit zeichnet.

Gemeinsam schmieden diese Hüter des Dschungels eine kollektive Kraft, vereint durch eine gemeinsame Vision - eine Zukunft, in der das herrliche Brüllen des Indochinesischen Tigers durch die Wälder Südostasiens hallt. Indem wir uns unermüdlich für den Schutz des Tigers einsetzen, das Bewusstsein schärfen und ein Gefühl der Ehrfurcht und des Staunens wecken, können wir sicherstellen, dass die nächste Generation sowohl die majestätische Schönheit des Tigers als auch die komplexen Ökosysteme, die seine Heimat sind, erben wird.

Am Ende unserer Erkundung der Welt des Indochinesischen Tigers steht die Erkenntnis, dass das Schicksal dieser Tierart nicht nur auf den Schultern von Naturschützern, sondern auch auf denen der Gesellschaft als Ganzes ruht. Nur durch die kollektive Verantwortung und Entschlossenheit von Einzelpersonen, Organisationen und Regierungen kann der Indochinesische Tiger wieder gedeihen.

In den folgenden Abschnitten werden wir tiefer in die Welt des Tigerschutzes eindringen, die Lehren daraus ziehen und uns eine Zukunft vorstellen, in der der Indochinesische Tiger nicht mehr am Rande des Aussterbens steht. Doch vorerst verabschieden wir uns von dieser beeindruckenden Kreatur und sind uns der dringenden Notwendigkeit bewusst, das empfindliche Netz des Lebens, in dem sie sich so anmutig bewegt, zu schützen und zu erhalten. Der Indochinesische Tiger, ein Symbol für Kraft, Anmut und Widerstandsfähigkeit, ist zu unserer ewigen Erinnerung an die Kostbarkeit und Zerbrechlichkeit der natürlichen Welt geworden.

ABSCHNITT 2: EIN JUWEL IN DER ASIATISCHEN WILDNIS

Der Indochinesische Tiger mit seinem auffallend schönen Fell aus orangefarbenen, schwarzen und weißen Streifen ist in den dichten Dschungeln Südostasiens zu Hause.

Eingebettet zwischen hoch aufragenden Bäumen und bewohnt von einer Vielzahl einzigartiger Arten, ist dieser Lebensraum wahrlich ein Juwel in der asiatischen Wildnis. Bei der Erkundung dieses beeindruckenden Ökosystems entdecken wir die bemerkenswerten Merkmale, die es zu einem idealen Zufluchtsort für den Indochinesischen Tiger machen, und die Herausforderungen, denen er sich in einer sich rasch verändernden Umwelt stellen muss.

Das üppige Grün des Lebensraums des Indochinesischen Tigers erstreckt sich über Länder wie Kambodscha, Laos, Myanmar, Thailand und Vietnam. Er besteht aus dichten Wäldern, zerklüfteten Bergen und ausgedehnten Graslandschaften, die ein vielfältiges Mosaik von Landschaften bilden, die den Tigern als wichtige Korridore dienen, um sich frei zu bewegen. Diese Lebensräume sind nicht nur eine Kulisse für die Großkatzen, sie sind der Grundstein für ihr Überleben.

In diesem üppigen Vegetationsteppich liegt ein kompliziertes Netz von Leben, das eng miteinander verwoben ist und voneinander abhängt. Der Indochinesische Tiger ernährt sich von einer Vielzahl von Beutetieren, darunter Rehe, Wildschweine und kleinere Säugetiere, die in den üppigen Wäldern der Region vorkommen. Sein Lebensraum beherbergt auch eine Vielzahl anderer gefährdeter Arten, wie z. B. Nebelparder, Asiatische Elefanten und Gibbons, und fördert so ein Ökosystem mit einer unvergleichlichen Artenvielfalt.

Die Fähigkeit der Tiger, sich an ein breites Spektrum von Umgebungen anzupassen, hat es ihnen ermöglicht, in dieser einzigartigen Wildnis zu gedeihen. Von dichten tropischen Regenwäldern bis hin zu bergigem Terrain - die Anpassungsfähigkeit des Indochinesischen Tigers ermöglicht es ihm, sich in verschiedenen Lebensräumen zurechtzufinden und den perfekten Ort für sein Revier zu finden. Im Gegensatz zu einigen seiner Artgenossen ist der Indochinesische Tiger dafür bekannt, sich in höhere Lagen zu flüchten, wo er Schutz vor der Hitze und potenziellen Bedrohungen finden kann.

Inmitten der Wunder dieses außergewöhnlichen Ökosystems

steht der Indochinesische Tiger jedoch vor wachsenden Herausforderungen. Vor allem die sich schnell verändernde Umwelt stellt eine erhebliche Bedrohung für sein Überleben dar. Menschliche Aktivitäten wie die Abholzung von Wäldern, illegaler Holzeinschlag und die Entwicklung der Infrastruktur zerstückeln den Lebensraum des Tigers, so dass ihm weniger geeignete Gebiete zur Verfügung stehen, in denen er sein Revier aufschlagen und nach Beute jagen kann.

Die Ausdehnung der Landwirtschaft, die durch die ständig wachsende Nachfrage der menschlichen Bevölkerung vorangetrieben wird, greift auf diese einst unberührten Gebiete über. Plantagen und Siedlungen ersetzen die dichten Wälder, so dass der indochinesische Tiger nur noch wenige Jagdgründe und wenig Platz zum Durchstreifen hat. Der Verlust seines natürlichen Lebensraums wirkt sich direkt auf die Fähigkeit des Tigers aus, ausreichend Beute zu finden, was zu potenziellen Konflikten mit dem Menschen führt, wenn sich der Tiger auf der Suche nach Nahrung den Dörfern nähert.

Darüber hinaus bleibt die Wilderei eine düstere Realität für den indochinesischen Tiger. Trotz der Bemühungen um den Schutz des Tigers und der zunehmenden Sensibilisierung der Öffentlichkeit besteht die Nachfrage nach Tigerteilen, die durch den Glauben an die traditionelle Medizin und den illegalen Handel mit Wildtieren angetrieben wird, weiterhin. Das schöne Fell, das den Tiger so faszinierend macht, macht ihn auch zu einem unglücklichen Ziel für Wilderer, die aus seinen Körperteilen Profit schlagen wollen.

Diese Herausforderungen bedrohen nicht nur den Indochinesischen Tiger, sondern das empfindliche Gleichgewicht eines ganzen Ökosystems. Der Verlust dieses majestätischen Tieres hätte katastrophale Auswirkungen auf die Populationen anderer Arten und würde das komplizierte Netz der biologischen Vielfalt, das jahrhundertelang harmonisch existierte, stören.

Wenn wir über die Zerbrechlichkeit dieses Lebensraums und die drohende Bedrohung des Indochinesischen

Tigers nachdenken, wird uns die Dringlichkeit bewusst. Es liegt in unserer Verantwortung als Hüter dieses Juwels in der asiatischen Wildnis, es für kommende Generationen zu schützen und zu erhalten. Nur durch gemeinsame Anstrengungen, verbesserte Erhaltungsstrategien und verantwortungsbewusstes menschliches Handeln können wir sicherstellen, dass diese großartigen Kreaturen weiterhin in diesen Wäldern leben, wo sie rechtmäßig hingehören.

Während wir unsere Erkundung des Lebensraums des Indochinesischen Tigers fortsetzen, befassen wir uns eingehender mit den Herausforderungen, denen sich diese großartige Kreatur bei ihrem Kampf ums Überleben in einer sich rasch verändernden Umwelt stellen muss. Der Druck nimmt zu, und es ist wichtig, dass wir die Dringlichkeit des Schutzes dieses Juwels in der asiatischen Wildnis verstehen.

Eine der größten Bedrohungen für den Indochinesischen Tiger ist der Verlust von Beutetieren aufgrund der Fragmentierung seines Lebensraums. Da menschliche Aktivitäten in ihr Territorium eindringen, schrumpfen die einst florierenden Populationen von Hirschen, Wildschweinen und kleineren Säugetieren. Der Mangel an Beutetieren zwingt die Tiger, sich auf der Suche nach Nahrung näher an die menschlichen Siedlungen heranzuwagen, was sowohl für die Tiger als auch für die lokalen Gemeinschaften eine gefährliche Situation darstellt.

Die rasche Ausdehnung der Landwirtschaft, die durch den wachsenden Bedarf der menschlichen Bevölkerung vorangetrieben wird, ist eine der Hauptursachen für den Verlust von Lebensräumen. Ausgedehnte Plantagen und Siedlungen ersetzen die dichten Wälder, so dass der Indochinesische Tiger nur noch begrenzte Jagdgründe und eingeschränkte Gebiete zur Verfügung hat, in denen er sein Revier aufbauen kann. Diese territoriale Einschränkung kann zu einem verstärkten Wettbewerb unter den Tigern führen und Konflikte zwischen ihnen eskalieren lassen, was ihr Überleben weiter gefährdet.

Darüber hinaus wird durch das Eindringen des Menschen in

den Lebensraum des Indochinesischen Tigers das empfindliche Gleichgewicht des Ökosystems gestört. Die gegenseitigen Abhängigkeiten der Arten werden gestört, was zu einem Rückgang der biologischen Vielfalt führt. Der Verlust von Tigern als Spitzenprädatoren kann einen Kaskadeneffekt auslösen, der zu einem Anstieg der Population von Pflanzenfressern und kleineren Raubtieren führt. Dieses Ungleichgewicht stört das natürliche Gleichgewicht und stellt eine weitere Bedrohung für das komplizierte Netz des Lebens dar, das einst in diesen Wäldern florierte.

Während der Verlust des Lebensraums eine große Herausforderung für den Indochinesischen Tiger darstellt, bleibt die Wilderei eine anhaltende Bedrohung. Trotz der Schutzbemühungen treibt die Nachfrage nach Tigerteilen weiterhin den illegalen Wildtierhandel an, der durch den Glauben an die traditionelle Medizin und den Wunsch nach Statussymbolen angeheizt wird. Tragischerweise wird das auffallend schöne Fell, das den Tiger so faszinierend macht, zu seiner tödlichen Attraktion, da Wilderer versuchen, aus seinen Körperteilen Profit zu schlagen. Die Folgen dieser unerbittlichen Wilderei sind verheerend: Die Zahl der Tiger geht zurück und die Hoffnung auf ihre Erhaltung wird zunichte gemacht.

Angesichts dieser Herausforderungen arbeiten Naturschutzorganisationen und lokale Gemeinschaften unermüdlich daran, den Indochinesischen Tiger und seinen Lebensraum zu schützen. Gemeinsam wird daran gearbeitet, Schutzgebiete einzurichten, illegalen Holzeinschlag und Wilderei zu bekämpfen und nachhaltige Landnutzungspraktiken zu fördern. Diese Initiativen zielen darauf ab, sichere Zufluchtsorte für Tiger zu schaffen, in denen sie sich frei bewegen und entfalten können.

Darüber hinaus ist es von entscheidender Bedeutung, das Bewusstsein für die Bedeutung des Schutzes des indochinesischen Tigers und seines Lebensraums zu schärfen. Die Aufklärung der lokalen Gemeinschaften, der politischen Entscheidungsträger und der breiten Öffentlichkeit über das komplizierte Netz des Lebens, das auf das Gleichgewicht des Tigers angewiesen ist, ist von größter Bedeutung. Indem wir bei den Menschen vor Ort ein Gefühl des Stolzes und der Verantwortung wecken, können wir sicherstellen, dass sie sich aktiv am Schutz und an der Erhaltung dieser majestätischen Tiere beteiligen.

Durch verbesserte Schutzstrategien wie die Wiederherstellung von Lebensräumen, Wildtierkorridore und Maßnahmen zur Bekämpfung der Wilderei können wir dem Indochinesischen Tiger eine Chance geben. Forschungs- und Überwachungsmaßnahmen helfen uns, ihr Verhalten, ihre Populationsdynamik und ihren Gesundheitszustand besser zu verstehen, damit wir gezielte Schutzmaßnahmen durchführen können.

Da wir am Abgrund eines fragilen Ökosystems stehen, ist es klar, dass die Zeit drängt. Die Verantwortung für den Schutz dieses Juwels in der asiatischen Wildnis liegt bei uns, den Hütern des indochinesischen Tigers. Wir müssen unsere Kräfte bündeln, über Grenzen und kulturelle Unterschiede hinweg, um eine Zukunft zu sichern, in der diese großartigen Kreaturen weiterhin durch diese Wälder streifen, Ehrfurcht einflößen und uns an die unzähmbare Schönheit der Natur erinnern.

Zusammenfassend lässt sich sagen, dass der Indochinesische Tiger und sein Lebensraum vor gewaltigen Herausforderungen stehen, da menschliche Aktivitäten zunehmend in ihr Gebiet eindringen. Lebensraumverlust, schwindende Beutepopulationen und unerbittliche Wilderei bedrohen das Überleben dieser majestätischen Art. Doch es gibt Hoffnung. Wenn wir unser Wissen, unsere Ressourcen und unsere Entschlossenheit bündeln, können wir dieses Juwel in der asiatischen Wildnis schützen und erhalten. Es ist ein moralischer Imperativ, dass wir dringend handeln müssen, um den Fortbestand des Indochinesischen Tigers zu sichern, da sein Schicksal eng mit dem empfindlichen Gleichgewicht eines ganzen Ökosystems verbunden ist. Lassen Sie uns nicht nachlassen, uns für den Schutz dieser wertvollen Art für

JOHANNA HOFMANN

kommende Generationen einzusetzen.

ABSCHNITT 3: GEHEIMNISSE DES VERHALTENS DES INDOCHINESISCHEN TIGERS

Der indochinesische Tiger, der für seine atemberaubende Schönheit und furchteinflößende Präsenz bekannt ist, hat die Phantasie von Tierliebhabern und Forschern gleichermaßen angeregt. Seine schwer fassbare Natur und sein geheimnisvolles Verhalten faszinieren seit Jahrhunderten. In dieser Sektion begeben wir uns auf eine Reise, um die tiefen Geheimnisse des Verhaltens des indochinesischen Tigers zu lüften, und erforschen sein Einzelgängerverhalten und seine Jagdtechniken, die ihn zu einem wahren Meister des Dschungels machen.

Die Einsamkeit ist ein charakteristisches Merkmal des indochinesischen Tigers. Im Gegensatz zu einigen anderen Unterarten ziehen diese majestätischen Raubtiere es vor, große Gebiete allein zu durchstreifen, frei von den Zwängen sozialer Hierarchien. Sie errichten ihre eigenen Territorien, markieren sie mit Geruch und territorialem Gebrüll und sichern so ihre Dominanz über die üppigen Landschaften, die ihre Heimat sind. Zwar wurden in seltenen Fällen indochinesische Tiger in Paaren oder mit Jungen gesichtet, doch überwiegt der Einzelgänger-Charakter dieser prächtigen Kreaturen.

Die Gründe für ihre einsame Lebensweise sind vielschichtig. Ein wichtiger Faktor ist die Verfügbarkeit von Beutetieren. In den dichten Dschungeln Indochinas wimmelt es nur so von Wildtieren, die einem einzelnen Tiger reichlich Nahrung bieten. Außerdem verringert das Einzelgängerverhalten das Risiko des Wettbewerbs um Ressourcen, was die Überlebenschancen dieser Spitzenraubtiere erhöht. Die Notwendigkeit der Isolation bringt jedoch auch Herausforderungen mit sich, denn die Suche nach einem geeigneten Partner in der riesigen Wildnis kann sich als schwierige Aufgabe erweisen.

Wenn es um die Jagd geht, wendet der Indochinesische Tiger eine Reihe von tadellosen Techniken an, die seinem Status als Alpha-Raubtier perfekt entsprechen. Ausgestattet mit kräftigen Muskeln, scharfen Krallen und stechenden Reißzähnen verfügen diese Tiger über die körperlichen Fähigkeiten, die notwendig sind, um eine Vielzahl von Beutetieren zu erlegen. Ihre Jagdtaktik besteht oft aus einer Kombination aus Heimlichkeit, Geduld und schierer Geschwindigkeit.

Aufgrund ihres Einzelgängerdaseins verlassen sich indochinesische Tiger in erster Linie auf das Überraschungsmoment, um eine erfolgreiche Jagd zu gewährleisten. Ihre auffällige Tarnung ermöglicht es ihnen, sich nahtlos in die dichte Vegetation einzufügen und für ahnungslose Beute nahezu unsichtbar zu werden. Mit außergewöhnlicher Geduld halten sie sich stundenlang verborgen und warten auf den richtigen Moment, um zuzuschlagen. Sobald sie ihr Ziel ausgemacht haben, nehmen sie blitzschnell die Verfolgung auf und legen in Sekundenschnelle große Entfernungen zurück.

Es ist nicht nur die Geschwindigkeit, die diese Tiger zu tödlichen Jägern macht. Sie verfügen über eine bemerkenswerte

Kraft, mit der sie Beutetiere überwältigen können, die viel größer sind als sie selbst. Ihre muskulösen Körper sind so gebaut, dass sie den Strapazen des Erlegens großer Huftiere standhalten und ihre Dominanz mit einem präzisen, tödlichen Biss in den Hals oder die Kehle ihres Opfers demonstrieren können.

Doch das Jagdrepertoire des indochinesischen Tigers geht über die bloße rohe Gewalt hinaus. Er ist auch ein hochintelligenter Stratege. Beobachtungen deuten darauf hin, dass sie ihre Umgebung genau kennen, Taktiken aus dem Hinterhalt anwenden und je nach Gelände und Verhalten ihrer Beute unterschiedliche Techniken einsetzen. Von der geduldigen Anpirschung bis zum Überraschungsangriff - der Indochinesische Tiger ist ein Beispiel für die Kunst der Jagd im Tierreich.

Wenn wir uns tiefer in das Verständnis des Verhaltens des indochinesischen Tigers hineinwagen, entschlüsseln wir das komplizierte Geflecht, das von den großartigsten Raubtieren der Natur gewebt wird. Die Kombination aus Einzelgängertum und verstohlenen Jagdtechniken ergibt das beeindruckende Porträt eines Spitzenraubtiers, das perfekt an seine Umwelt angepasst ist. Die Geheimnisse des indochinesischen Tigers enthüllen eine verborgene Welt voller Eleganz und roher Kraft, eine Welt, die uns in ihren Bann zu ziehen verspricht.

Und mit angehaltenem Atem freuen wir uns darauf, in der zweiten Hälfte dieses fesselnden Abschnitts noch mehr Geheimnisse zu lüften, wenn wir die bemerkenswerten Kommunikationsmethoden und die komplizierte soziale Dynamik dieser schwer fassbaren Kreaturen erkunden. Mit jedem Schritt, den wir tiefer in die verborgene Welt des indochinesischen Tigers eindringen, kommen wir dem Verständnis seiner komplexen Kommunikationsmethoden und seiner komplexen sozialen Dynamik näher. Diese majestätischen Tiere sind nicht nur einsame Jäger, sondern verfügen auch über eine ausgefeilte eigene Sprache, die es ihnen ermöglicht, mit ihren Artgenossen auf eine Art und Weise zu interagieren und in Kontakt zu treten, die Forscher und Tierliebhaber auf der ganzen Welt immer wieder in Erstaunen versetzt.

Auch wenn der Indochinesische Tiger eine einsame Lebensweise bevorzugt, kommt er gelegentlich mit anderen Tigern in Kontakt. Diese seltenen Begegnungen bieten einen Einblick in eine Welt der subtilen Kommunikation. Tiger nutzen eine Kombination aus Lautäußerungen, Körpersprache und Duftmarkierungen, um ihren Artgenossen Botschaften zu vermitteln. Das Brüllen, eine der erkennbarsten Formen der Kommunikation, dient sowohl als Gebietsanspruch als auch als Mittel, um potenziellen Partnern ihre Anwesenheit anzuzeigen.

Bei Revierkämpfen kann man das tiefe, hallende Brüllen eines männlichen Tigers durch den dichten Dschungel schallen hören, um Eindringlinge vor den Konsequenzen zu warnen, die ihnen drohen können. Auch die Weibchen signalisieren ihre Bereitschaft zur Paarung durch Laute, die von sanftem Stöhnen bis hin zu hohen, schnarrenden Tönen reichen. Diese Laute dienen der Aufrechterhaltung eines empfindlichen Gleichgewichts innerhalb der sozialen Struktur des Tigers.

Der Geruch spielt eine wichtige Rolle in der sozialen Dynamik des Indochinesischen Tigers. Jedes Individuum besitzt seinen eigenen, einzigartigen Geruch, und sie nutzen Duftmarkierungen, um mit Artgenossen zu kommunizieren und ihr Revier zu markieren. Indem sie ihren Körper an einem Baum reiben oder Urin an markanten Punkten versprühen, hinterlassen sie eine eindeutige olfaktorische Visitenkarte. Diese Duftmarken geben Aufschluss über ihr Geschlecht, ihren Fortpflanzungsstatus und sogar ihre Identität und liefern wichtige Erkenntnisse über ihre komplexen sozialen Interaktionen.

Obwohl der Indochinesische Tiger in erster Linie nonverbal kommuniziert, bedient er sich auch verschiedener Formen der Körpersprache. Körperhaltung, Gestik und Mimik sind wichtige Mittel, um anderen Tigern Botschaften zu übermitteln. Ein erhobener Schwanz und eine aufrechte Haltung können

Aggression oder Dominanz anzeigen, während ein gesenkter Kopf Unterwerfung signalisieren kann. Diese subtilen Signale ermöglichen es den Tigern, friedlich zu koexistieren, wenn es zu Begegnungen kommt, und minimieren das Risiko brutaler Revierkämpfe.

Wenn wir tiefer in die komplizierte soziale Dynamik des indochinesischen Tigers eindringen, entdecken wir, dass sie eine überraschend tolerante Haltung gegenüber ihrer eigenen Art an den Tag legen. Auch wenn sie ihre Reviere heftig verteidigen und sich gelegentlich auf Konfrontationen einlassen, zeigen sie auch eine bemerkenswerte Verwandtschaft und Zusammenarbeit. Mütter beschützen und pflegen ihre Jungen und bringen ihnen die für das Überleben notwendigen Fähigkeiten bei, während mehrere Tigerweibchen ihre Jungen gemeinsam in Gruppen aufziehen können, die als "Kinderstuben" bekannt sind. Dieses kooperative Verhalten trägt dazu bei, das Überleben der Spezies zu sichern, und fördert den Gemeinschaftssinn in ihrer einsamen Existenz.

Die Sozialstruktur des indochinesischen Tigers geht über das bloße Zusammenleben hinaus; sie zeigt sich auch in seinem selektiven Paarungsverhalten. Obwohl Tiger in erster Linie Einzelgänger sind, können Männchen vorübergehend Territorien in der Nähe der Weibchen errichten, was zu einem losen Paarungsnetz führt. Tigerweibchen hinterlassen oft Duftspuren, um potenzielle Partner anzulocken, und die Männchen, die diese Pheromone wahrnehmen, folgen diesen Spuren, um empfängliche Weibchen zu finden. Dieser komplizierte Balztanz stellt das empfindliche Gleichgewicht zwischen den einsamen und kooperativen Aspekten ihrer Existenz dar.

Zum Abschluss unserer Erkundung der Geheimnisse hinter dem Verhalten des indochinesischen Tigers werden wir von der Komplexität und Anpassungsfähigkeit dieser Tiere beeindruckt sein. Von ihrem Einzelgängerdasein und ihren heimlichen Jagdtechniken bis hin zu ihren ausgeklügelten Kommunikationsmethoden und ihrer komplizierten sozialen

Dynamik verkörpern diese prächtigen Raubtiere in freier Wildbahn die perfekte Harmonie zwischen Unabhängigkeit und Zusammengehörigkeit.

Die Geheimnisse des indochinesischen Tigers sind ein Beweis für die Raffinesse der Natur und bieten einen Einblick in eine Welt, die sowohl fesselnd als auch ehrfurchtgebietend ist. Wenn wir uns von diesem spannenden Abschnitt verabschieden, bleiben wir mit dem Verlangen zurück, noch mehr Geheimnisse dieser schwer fassbaren Kreaturen zu lüften. Lassen Sie uns unsere Reise fortsetzen, nicht nur als Beobachter, sondern als Hüter des Dschungels, um die Erhaltung dieser majestätischen Kreaturen und der Ökosysteme, die sie ihr Zuhause nennen, sicherzustellen.

ABSCHNITT 4: ERHALTUNGSMASSNAHMEN UND BEDROHUNGEN FÜR DAS ÜBERLEBEN

Der indochinesische Tiger, der für seine prachtvolle Schönheit und unvergleichliche Stärke bekannt ist, wird seit langem als Beschützer des Dschungels verehrt. Doch diese majestätische Raubkatze ist in ihrer Existenz stark bedroht. In diesem Abschnitt befassen wir uns mit den entscheidenden Bemühungen zum Schutz des Indochinesischen Tigers und untersuchen die verschiedenen Bedrohungen, die sein Überleben gefährden.

Sowohl Naturschutzorganisationen als auch Regierungen haben die dringende Notwendigkeit erkannt, den Indochinesischen Tiger vor dem Aussterben zu bewahren. Sie bemühen sich unermüdlich um eine Kombination aus wissenschaftlicher Forschung, gesellschaftlichem Engagement und gesetzgeberischen Maßnahmen, um den Erhalt dieser außergewöhnlichen Kreaturen zu gewährleisten.

Eine der wichtigsten Strategien zur Erhaltung des indochinesischen Tigers ist der Schutz seines Lebensraums. Die Erhaltung und Wiederherstellung ihrer natürlichen Lebensräume ist für ihr langfristiges Überleben entscheidend. Durch die Einrichtung von Schutzgebieten wie Nationalparks und Wildtierreservaten bieten Naturschützer den Tigern einen Zufluchtsort, der es ihnen ermöglicht, sich frei zu bewegen, zu jagen und sich ungestört fortzupflanzen.

Um diese Schutzgebiete effektiv zu verwalten, arbeiten Naturschützer mit den lokalen Gemeinschaften zusammen. In Anerkennung der Bedeutung einer nachhaltigen Lebensgrundlage für die indigene Bevölkerung, die an der Seite der Tiger lebt, wurden Initiativen zur Förderung von gemeinschaftsbasierten Schutzmaßnahmen ergriffen. Diese Initiativen reichen von Ökotourismus-Programmen bis hin zu Projekten zum Kapazitätsaufbau, die die lokalen Gemeinschaften in die Lage versetzen, ihr Naturerbe zu verwalten.

Ein weiterer wichtiger Aspekt der Schutzbemühungen ist der Kampf gegen den illegalen Handel mit Wildtieren. Tragischerweise ist der Indochinesische Tiger aufgrund der hohen Nachfrage nach seinen Körperteilen und daraus hergestellten Produkten ein Hauptziel der Wilderei. Wilderer jagen diese bemerkenswerten Kreaturen wegen ihrer Knochen, Häute und anderer Körperteile, denen in der traditionellen Medizin mythische Eigenschaften zugeschrieben werden.

Um diesen illegalen Handel zu bekämpfen, wurden spezielle Anti-Wilderer-Einheiten eingerichtet. Diese Einheiten arbeiten unermüdlich daran, Wilderer festzunehmen, Schmugglernetze zu zerschlagen und Schmuggelware zu beschlagnahmen. Auch die Gesetzgebung und die Strafverfolgung wurden verschärft, um potenzielle Wilderer und Schmuggler abzuschrecken. Der Kampf gegen dieses kriminelle Unternehmen bleibt jedoch schwierig.

Obwohl die Bemühungen zum Schutz des indochinesischen Tigers große Fortschritte gemacht haben, ist er immer noch einer Reihe von Bedrohungen ausgesetzt, die sein Überleben gefährden. Der Verlust von Lebensraum ist nach wie vor ein Hauptproblem, das vor allem durch die Abholzung der Wälder und die rasche Urbanisierung verursacht wird. Durch das Vordringen menschlicher Siedlungen in die Gebiete der Tiger wird ihr natürlicher Lebensraum zerstört, wodurch die Landschaft zersplittert und die Möglichkeiten der Tiger, Beute zu finden und sich zu paaren, eingeschränkt werden.

Außerdem verschärft der Rückgang der Beutetierarten das Problem. Indochinesische Tiger sind in erster Linie auf Huftiere wie Hirsche und Wildschweine angewiesen, um sich zu ernähren. Die Überjagung und die Zerstörung der Lebensräume haben jedoch zu einem Rückgang der wichtigsten Nahrungsquellen des Tigers geführt. Ohne eine ausreichende Beutebasis sind die Tiger gezwungen, auf der Suche nach Alternativen in menschliche Siedlungen vorzudringen, was zu Konflikten mit den örtlichen Gemeinschaften führt.

Der Klimawandel stellt eine zusätzliche Bedrohung für das Überleben des Indochinesischen Tigers dar. Steigende Temperaturen, veränderte Niederschlagsmuster und die zunehmende Häufigkeit extremer Wetterereignisse stören das empfindliche Gleichgewicht ihrer Ökosysteme. Diese Veränderungen wirken sich nicht nur auf die Tiger aus, sondern auch auf die Verfügbarkeit von Wasserquellen, Vegetation und Beutetieren, was die Herausforderungen, mit denen sie konfrontiert sind, noch verschärft.

Wenn wir in die Zukunft blicken, hängt das Schicksal des Indochinesischen Tigers am seidenen Faden. Die bisherigen Schutzbemühungen haben zweifellos etwas bewirkt, aber es gibt noch viel zu tun. In der zweiten Hälfte dieses Abschnitts werden wir uns mit innovativen Schutzansätzen, technologischen Fortschritten und potenziellen Lösungen befassen, die den Schlüssel zur Sicherung der Zukunft dieser beeindruckenden Kreaturen darstellen könnten.

In ihrem Bemühen, die Zukunft des Indochinesischen Tigers

zu sichern, setzen Naturschützer und Forscher auf innovative Ansätze und technologische Neuerungen. Diese Strategien geben Hoffnung und haben das Potenzial, das Blatt zugunsten dieser beeindruckenden Kreaturen zu wenden.

Eine bahnbrechende Technik, die sich bei den Schutzbemühungen als vielversprechend erwiesen hat, ist der Einsatz von Kamerafallen. Diese Geräte, die mit Bewegungssensoren und hochentwickelten Bildaufnahmefunktionen ausgestattet sind, haben unser Verständnis des Verhaltens und der Populationsdynamik von Tigern revolutioniert. Durch die strategische Platzierung dieser Kamerafallen in den Tigergebieten können Forscher wertvolle Daten über die Bewegungen der Tiere, ihre Jagdmuster und sogar ihr Paarungsverhalten sammeln. Diese Informationen sind für die Ausarbeitung wirksamer Schutzstrategien und die Verwaltung von Schutzgebieten von entscheidender Bedeutung.

Auch technologische Fortschritte haben im Kampf gegen den illegalen Wildtierhandel eine entscheidende Rolle gespielt. Mit Hilfe von DNA-Analysetechniken konnte die Herkunft beschlagnahmter Tigerprodukte zurückverfolgt werden, was zur Identifizierung von Wilderei-Hotspots und Schmuggelrouten beitrug. Darüber hinaus ermöglicht der Einsatz fortschrittlicher Bildgebungstechnologien und Spektrometer den Behörden, echte Tigerprodukte von gefälschten zu identifizieren und zu unterscheiden und so den illegalen Handel zu unterbinden.

Naturschutzorganisationen haben auch das Potenzial von Bildungs- und Sensibilisierungskampagnen genutzt, um Verantwortungsbewusstsein und Empathie für den Indochinesischen Tiger zu fördern. Diese Kampagnen, die sich an Schulen, Gemeinden und die breite Öffentlichkeit wenden, zielen darauf ab, ein tiefes Verständnis für die Bedeutung des Tigerschutzes und die allgemeine Notwendigkeit des Schutzes der biologischen Vielfalt zu wecken. Die Aufklärung der Menschen über die ökologische Rolle und die kulturelle Bedeutung des Tigers kann dazu beitragen, eine Generation von Menschen heranzuziehen, die sich aktiv für den Schutz des Tigers einsetzen.

Darüber hinaus erweisen sich Partnerschaften mit lokalen Unternehmen und Konzernen als hilfreich für die Erhaltungsbemühungen. Viele Unternehmen haben den Wert der Unterstützung von Tigerschutzprojekten erkannt, nicht nur aus ethischer Sicht, sondern auch als Mittel zur Förderung ihrer eigenen Initiativen zur ökologischen Nachhaltigkeit. Durch Unternehmenssponsoring, Spenden und Kooperationen sind diese Organisationen in der Lage, sowohl finanziell als auch logistisch zu der Sache beizutragen.

Diese innovativen Ansätze sind zwar sehr vielversprechend, müssen aber durch solide politische Rahmenbedingungen und gesetzliche Maßnahmen ergänzt werden. Die Regierungen spielen eine entscheidende Rolle bei der Durchsetzung von Naturschutzgesetzen, dem Schutz der Lebensräume von Tigern und der Eindämmung illegaler Aktivitäten, die das Überleben dieser majestätischen Art bedrohen. Verschärfte Gesetze und Strafverfolgungsmaßnahmen sind unerlässlich, um potenzielle Wilderer und Menschenhändler abzuschrecken.

Auch die internationale Zusammenarbeit ist für die Sicherung der Zukunft des Indochinesischen Tigers von größter Bedeutung. Regierungen, Naturschutzorganisationen und Wissenschaftler müssen grenzüberschreitend zusammenarbeiten, um Wissen zu teilen, Schutzmaßnahmen zu koordinieren und gemeinsame Strategien zu entwickeln. Durch Initiativen wie das Global Tiger Forum, eine internationale Plattform, die sich dem Schutz des Tigers widmet, können die Beteiligten ihre Bemühungen bündeln und Ressourcen zusammenführen, um die komplexen Herausforderungen des Indochinesischen Tigers zu bewältigen.

Zum Abschluss dieses Abschnitts über die Bemühungen zur Erhaltung des indochinesischen Tigers und seine Bedrohung ist es wichtig, den vor uns liegenden Weg zu würdigen. Obwohl Fortschritte erzielt wurden, bleibt noch viel zu tun, um das langfristige Überleben dieser großartigen Kreaturen zu sichern. Es ist ein Wettlauf gegen die Zeit, gegen den Verlust des Lebensraums, gegen die Wilderei und gegen den Klimawandel. Das Schicksal des Indochinesischen Tigers liegt in den Händen derjenigen, die sich für seine Erhaltung einsetzen - Wissenschaftler, Naturschützer, Regierungen, lokale Gemeinschaften und jeder Einzelne, der den Wert dieser majestätischen Tiere und die Notwendigkeit ihres Schutzes erkennt.

Im nächsten Abschnitt werden wir die komplizierte Beziehung zwischen Menschen und Tigern erforschen und uns mit der kulturellen Bedeutung dieser prächtigen Raubkatzen im Laufe der Geschichte in der Region Indochina befassen. Wir werden die Mythen, Legenden und spirituellen Überzeugungen, die sich um ihre Existenz ranken, enträtseln und untersuchen, wie der Schutz des indochinesischen Tigers über die Erhaltung einer Art hinausgeht, sondern auch die Bewahrung unseres gemeinsamen kulturellen Erbes einschließt.

ABSCHNITT 5: WÄCHTER DES DSCHUNGELS - BEWAHRUNG DES ERBES

Der Indochinesische Tiger, auch bekannt als Panthera tigris corbetti, ist ein majestätisches und ehrfurchtgebietendes Geschöpf, das die dichten Dschungel Südostasiens durchstreift. Seine majestätische Präsenz und beherrschende Ausstrahlung haben die Herzen vieler Menschen erobert, doch leider ist diese prächtige Art vom Aussterben bedroht. Ihr schwindender Bestand spiegelt die immensen Herausforderungen wider, denen sie in der modernen Welt ausgesetzt ist. Doch es gibt auch Hoffnung. Trotz aller Widrigkeiten gibt es engagierte Menschen, die ihr Leben der Bewahrung des Erbes des Indochinesischen Tigers für künftige Generationen gewidmet haben.

Eine dieser inspirierenden Geschichten ist die von Dr. Nguyen Truong Son, einem bekannten Tierschützer aus Vietnam. Dr. Son steht seit mehr als zwei Jahrzehnten an der Spitze der Bemühungen zum Schutz des Indochinesischen Tigers. Sein unerschütterliches Engagement und sein unermüdlicher Einsatz haben ihm den Ruf eingebracht, eine der einflussreichsten Persönlichkeiten im Tigerschutz zu sein. Durch seine Arbeit mit lokalen Gemeinschaften, Regierungsbeamten und internationalen Organisationen hat Dr. Son erfolgreich verschiedene Schutzprogramme zur Rettung dieser vom Aussterben bedrohten Art durchgeführt.

Eine der bemerkenswerten Leistungen von Dr. Son ist die Einrichtung von Schutzgebieten und Nationalparks in den Tigerlebensräumen Vietnams. Diese Schutzgebiete bieten nicht nur einen sicheren Hafen für den Indochinesischen Tiger, sondern schützen auch andere gefährdete Arten und bewahren das empfindliche Gleichgewicht des Ökosystems. Der kooperative Ansatz von Dr. Son, der die lokalen Gemeinschaften in die Schutzbemühungen einbezieht, hat sich als entscheidend für die Sicherung der langfristigen Nachhaltigkeit erwiesen. Indem er den Gemeinden die Bedeutung des Tigerschutzes vor Augen führte, gelang es ihm, bei der Bevölkerung ein Gefühl der Verantwortung und des Verantwortungsbewusstseins zu wecken.

Auch im benachbarten Kambodscha setzt sich Sav Souen, ein engagierter und leidenschaftlicher Naturschützer, an vorderster Front für den Schutz des Indochinesischen Tigers ein. Trotz der Herausforderungen durch begrenzte Ressourcen und politische Instabilität hat sich Sav unermüdlich für die Sicherung von Schutzgebieten und die Umsetzung wirksamer Maßnahmen zur Bekämpfung der Wilderei eingesetzt. Seine Bemühungen haben zu einem deutlichen Rückgang der Wilderei geführt, so dass sich die Tigerpopulation langsam wieder erholen und gedeihen kann.

In Thailand führt Dr. Kanchana Nittaya, eine renommierte Wildtierbiologin, bahnbrechende Forschungen über das Verhalten und die Ökologie des Indochinesischen Tigers durch. Ihre umfassenden Studien haben wertvolle Erkenntnisse über die Lebensraumpräferenzen, das Jagdverhalten und die Fortpflanzungsgewohnheiten des Tigers erbracht. Dieses Wissen ist unverzichtbar für die Formulierung wirksamer Schutzstrategien und die Sicherstellung nachhaltiger Tigerpopulationen in freier Wildbahn.

Über die individuellen Bemühungen hinaus hat die internationale Zusammenarbeit eine entscheidende Rolle bei der Erhaltung des indochinesischen Tigers gespielt. Organisationen wie der World Wildlife Fund (WWF), das Übereinkommen über den internationalen Handel mit gefährdeten Arten freilebender Tiere und Pflanzen (Convention on International Trade in Endangered Species of Wild Fauna and Flora, CITES) und das Global Tiger Forum haben ihre Kräfte gebündelt, um verschiedene Initiativen zu unterstützen, die darauf abzielen, diese großartige Art vor dem Aussterben zu bewahren. Diese Zusammenarbeit konzentrierte sich nicht nur auf Schutzmaßnahmen in bestimmten Ländern, sondern betonte auch die Notwendigkeit einer grenzüberschreitenden Zusammenarbeit zur Bekämpfung des illegalen Wildtierhandels und zur Erhaltung der genetischen Vielfalt des Tigers.

Die inspirierenden Geschichten von Dr. Nguyen Truong Son, Sav Souen, Dr. Kanchana Nittaya und zahllosen anderen wie ihnen sind ein Leuchtfeuer der Hoffnung im Kampf um den Schutz des Indochinesischen Tigers. Ihre Leidenschaft, ihre Hingabe und ihr unermüdliches Engagement haben den Grundstein für eine bessere Zukunft dieser ikonischen Tierart gelegt. Die Herausforderungen liegen jedoch noch vor uns, und die Reise zur Sicherung des langfristigen Überlebens des Indochinesischen Tigers ist noch lange nicht vorbei.

In der zweiten Hälfte dieses Abschnitts werden wir tiefer in die Feinheiten dieser Erhaltungsbemühungen eindringen und die Hürden erkunden, mit denen diese leidenschaftlichen Menschen konfrontiert sind, sowie die Maßnahmen, die sie ergriffen haben, um diese zu überwinden. Ihre Geschichten werden sich entfalten und die Risiken, die sie eingehen, die Opfer, die sie bringen, und die Triumphe, die sie in ihrem unermüdlichen Bestreben, das Erbe des indochinesischen

Tigers zu bewahren, erringen, offenbaren. Machen Sie sich auf die Fortsetzung dieser bemerkenswerten Geschichten gefasst, während wir uns auf eine Reise in das Herz des Dschungels und in die Köpfe dieser unverwüstlichen Wächter begeben.Die Reise in das Herz des Dschungels geht weiter, während wir tiefer in das Leben und die Bemühungen der unverwüstlichen Wächter eintauchen, jener Menschen, die sich der Bewahrung des Erbes des Indochinesischen Tigers verschrieben haben.

Unsere Erkundung führt uns in die dichten Wälder von Laos, wo wir Phet Sananikone, einen unbeugsamen Tierschützer, treffen. Phet hat sein Leben dem Schutz der schwindenden Population des Indochinesischen Tigers in seinem Heimatland gewidmet. Mit seinem tiefen Verständnis für die lokalen Gemeinschaften und die Herausforderungen, mit denen sie konfrontiert sind, hat Phet Pionierarbeit geleistet und innovative Lösungen entwickelt, die Naturschutz und nachhaltige Entwicklung miteinander verbinden.

Eine der bemerkenswerten Errungenschaften von Phet ist die Einrichtung von gemeinschaftlich verwalteten Schutzgebieten, in denen die Dorfbewohner direkt am Schutz der Tigerlebensräume beteiligt sind. Indem Phet die Gemeinden befähigt, die Verantwortung für die Schutzbemühungen zu übernehmen, hat er sie nicht nur zu treuen Verbündeten gemacht, sondern auch das Wirtschaftswachstum durch ökotouristische Initiativen angekurbelt. Die einst bedrohten Einheimischen sind nun aktiv am Tigerschutz beteiligt und verdienen ihren Lebensunterhalt, während sie gleichzeitig das Überleben dieser majestätischen Art sichern.

Auf dem Weg nach Myanmar treffen wir auf U Myo Min Tun, einen leidenschaftlichen Biologen und Verfechter des Tigerschutzes. U Myo ist maßgeblich an der Förderung des Tigerschutzes beteiligt, indem er die lokale Bevölkerung einbezieht und aufklärt. Seine unermüdlichen Bemühungen umfassen die Durchführung von Workshops und Sensibilisierungskampagnen, um ein Gefühl des Stolzes und der Verantwortung gegenüber dem Indochinesischen Tiger zu fördern.

Darüber hinaus hat die Organisation von U Myo Programme durchgeführt, die sich auf nachhaltige Lebensgrundlagen für die in Tigerlebensräumen lebenden Gemeinschaften konzentrieren. Durch die Bereitstellung alternativer Einkommensquellen wie handwerkliche Produktion und nachhaltige Landwirtschaft fördert U Myo die wirtschaftliche Widerstandsfähigkeit und verringert gleichzeitig die Abhängigkeit von Aktivitäten, die dem Ökosystem des Tigers schaden.

Während wir uns tief in das Herz des Dschungels wagen, entdecken wir die Herausforderungen, denen sich diese Wächter stellen müssen. Trotz ihres unermüdlichen Einsatzes stoßen sie auf außergewöhnliche Risiken und Schwierigkeiten wie den illegalen Handel mit Wildtieren, die Zerstörung ihres Lebensraums und begrenzte Ressourcen. Ihr unerschütterliches Engagement stärkt jedoch ihre Entschlossenheit, jedes Hindernis zu überwinden, das sich ihnen in den Weg stellt.

In der zweiten Hälfte dieses Abschnitts werden auch die Erfolge vorgestellt, die diese unverwüstlichen Wächter erzielt haben. Dank ihrer Beharrlichkeit erholt sich der Bestand des Indochinesischen Tigers langsam, und seine Zukunft sieht vielversprechender denn je aus. Die Geschichten dieser leidenschaftlichen Menschen sind ein Zeugnis für die Kraft des menschlichen Engagements und die Unverwüstlichkeit im Angesicht von Widrigkeiten.

Auch wenn der Erfolg dieser Schutzbemühungen ein Grund zum Feiern ist, muss betont werden, dass der Weg zur Erhaltung des Erbes des Indochinesischen Tigers noch lange nicht zu Ende ist. Die Herausforderungen bleiben bestehen, und die Notwendigkeit einer kontinuierlichen Unterstützung und Sensibilisierung ist von größter Bedeutung.

In der zweiten Hälfte dieses Abschnitts geht es schließlich um die unglaublichen Menschen, die sich als Hüter des Dschungels und Verfechter des indochinesischen Tigers einsetzen. Von Laos bis Myanmar ist ihr unermüdlicher Einsatz für den

Erhalt dieser ikonischen Tierart ein leuchtendes Beispiel für uns alle. Lassen Sie uns gemeinsam hinter ihnen stehen, ihre Bemühungen unterstützen und dafür sorgen, dass das Erbe des Indochinesischen Tigers auch für kommende Generationen erhalten bleibt.

KAPITEL 5: DER MALAIISCHE TIGER

ABSCHNITT 1: DIE MAJESTÄT DES MALAIISCHEN TIGERS

Erkundung der beeindruckenden Schönheit und Bedeutung des malaysischen Tigers, eines Nationalschatzes Malaysias und eines Symbols für Kraft und Widerstandsfähigkeit.

Im Herzen der dichten Regenwälder Malaysias streift ein rätselhaftes Wesen umher, das sowohl Anmut als auch Stärke verkörpert. Der malaysische Tiger ist für seine majestätische Präsenz bekannt und zieht all jene in seinen Bann, die das Glück haben, ihn in freier Wildbahn zu sehen. Diese prächtige Raubkatze wird seit langem als nationaler Schatz verehrt und nimmt eine herausragende Stellung im kulturellen und ökologischen Erbe Malaysias ein.

Mit einer beeindruckenden Länge von bis zu drei Metern von der Nase bis zum Schwanz ist der Malaiische Tiger das größte Raubtier, das den malaysischen Dschungel durchstreift. Sein ikonisches orange-schwarz gestreiftes Fell ist ein Beweis für seine einzigartige Identität und sein beeindruckendes Wesen. Während sein Äußeres Ehrfurcht hervorruft, ist es die tiefe Bedeutung dieser Spezies, die sie wirklich auszeichnet.

Der malaysische Tiger ist tief in der malaysischen Kultur

verwurzelt und zu einem Symbol für Nationalstolz und Identität geworden. Seit Jahrhunderten symbolisiert diese königliche Kreatur die unerschütterliche Kraft und Widerstandsfähigkeit des malaysischen Volkes. So wie der Tiger sein Territorium unerbittlich verteidigt, so haben auch die Malaysier ihre unermüdliche Einigkeit und ihren Mut im Angesicht von Widrigkeiten bewiesen. Der malaysische Tiger verkörpert wahrhaftig den Geist einer Nation, erobert die Herzen der Menschen und repräsentiert die Souveränität der Nation.

Abgesehen von seiner kulturellen Bedeutung spielt der Malaiische Tiger eine wichtige ökologische Rolle, denn er ist das Spitzenraubtier in Malaysias kompliziertem Lebensnetz. Seine Anwesenheit sorgt für ein gesundes Gleichgewicht im Ökosystem, da er dazu beiträgt, die Beutetierpopulationen zu regulieren und die allgemeine Artenvielfalt der Regenwälder zu erhalten. Indem wir den Lebensraum des Tigers schützen, sichern wir die Heimat unzähliger Arten und gewährleisten die Integrität der empfindlichen Ökosysteme, die das Leben erhalten.

Die majestätische Herrschaft des Malaiischen Tigers ist jedoch bedroht, denn er steht vor zahlreichen Herausforderungen, die sein Überleben gefährden. Der Verlust von Lebensraum, der durch die fortschreitende Abholzung und das Eindringen von Menschen verursacht wird, stellt ein erhebliches Risiko für die Existenz des Tigers dar. Da die Entwicklung immer weiter in die einst ungestörten Wälder vordringt, schrumpft der Lebensraum des Malaiischen Tigers, so dass er weniger Ressourcen und Platz zum Gedeihen hat.

Darüber hinaus verschlimmert die illegale Wilderei nach den wertvollen Fellen und Körperteilen des Tigers, die durch die Nachfrage nach traditioneller Medizin und Ziergegenständen angeheizt wird, die ohnehin schon prekäre Situation. Trotz konzertierter Schutzbemühungen hält der illegale Handel mit Tigerteilen an und bringt diese großartige Kreatur immer näher an den Rand der Ausrottung.

Angesichts dieser drängenden Probleme hat sich Malaysia

aktiv für den Schutz und die Erhaltung des malaysischen Tigers eingesetzt. Die Einrichtung von Schutzgebieten wie Taman Negara und dem Belum-Temengor-Waldkomplex spiegelt das Engagement des Landes für den Schutz des natürlichen Lebensraums des Tigers wider. Darüber hinaus arbeitet Malaysia mit internationalen Organisationen zusammen und setzt fortschrittliche Strategien zur Bekämpfung der Wilderei und zur Sensibilisierung der Öffentlichkeit für diese stark bedrohte Tierart um.

Auch wenn noch viele Herausforderungen vor uns liegen, ist der Kampf um die Zukunft des Malaiischen Tigers noch lange nicht vorbei. Es ist ein Kampf, der unermüdlichen Einsatz, internationale Zusammenarbeit und ein kollektives Engagement für die Erhaltung der Artenvielfalt unseres Planeten erfordert. Wenn wir im zweiten Teil dieses Abschnitts tiefer in die rätselhafte Welt des Malaiischen Tigers eintauchen, werden wir die komplizierten Verhaltensweisen, einzigartigen Anpassungen und inspirierenden Geschichten aufdecken, die die wahre Kraft und Bedeutung dieser beeindruckenden Kreatur noch mehr beleuchten.

...In der zweiten Hälfte von Abschnitt 1 tauchen wir tiefer in die fesselnde Welt des Malaiischen Tigers ein und erforschen sein komplexes Verhalten, seine einzigartigen Anpassungen und inspirierende Geschichten, die die wahre Kraft und Bedeutung dieser beeindruckenden Kreatur noch weiter beleuchten.

Einer der bemerkenswertesten Aspekte des Malaiischen Tigers ist seine verstohlene und wendige Jagdtaktik. Ausgestattet mit scharfen, einziehbaren Krallen und kräftigen Kiefern ist diese majestätische Raubkatze ein furchterregendes Raubtier. Mit Geduld und Präzision pirscht er sich lautlos durch das dichte Unterholz an seine Beute heran und nutzt dabei seine unglaubliche Tarnung, um praktisch unsichtbar zu bleiben. Wenn er sich nähert, stürzt sich der Tiger mit unvergleichlicher Geschwindigkeit auf seine Beute und bringt sie zur Strecke. Diese Demonstration von Stärke, Beweglichkeit und strategischem Geschick erinnert uns daran, warum der Malaiische Tiger der unbestrittene König des malaysischen Dschungels ist.

Bei der Jagd stellt der Malaiische Tiger auch seine unglaubliche Anpassungsfähigkeit unter Beweis. Ob er durch Flüsse schwimmt oder auf Bäume klettert - diese prächtige Kreatur verfügt über eine bemerkenswerte Bandbreite an Fähigkeiten, die es ihr ermöglichen, in ihrem vielfältigen Lebensraum zu gedeihen. Mit seinen Schwimmhäuten kann er sich mühelos im Wasser fortbewegen, was ihn zu einem beeindruckenden Wasserjäger macht. Die Fähigkeit des Tigers, auf Bäume zu klettern, dient ihm nicht nur als Mittel zur Flucht vor potenziellen Bedrohungen, sondern verschafft ihm auch einen vorteilhaften Aussichtspunkt, um seine Umgebung zu überblicken.

Abgesehen von ihren physischen Merkmalen haben malaiische Tiger auch soziale Eigenheiten, die zu ihrer Bedeutung beitragen. Sie sind Einzelgänger, die überwiegend allein leben und jagen, um den Wettbewerb um die Ressourcen zu minimieren. In einem bemerkenswerten Akt elterlicher Fürsorge zieht die Tigermutter ihre Jungen mit großer Hingabe auf und bringt ihnen wichtige Überlebensfähigkeiten bei. Diese Bindung unterstreicht die Bedeutung der Familie im Leben des Tigers und verdeutlicht die Rolle von Pflegebeziehungen in der Wildnis.

Das Überleben des Malaiischen Tigers hängt jedoch aufgrund der zahlreichen Bedrohungen, denen er ausgesetzt ist, in der Schwebe. Die Abholzung der Wälder ist nach wie vor eines der drängendsten Probleme, das zum Verlust seines natürlichen Lebensraums und zum Rückgang seiner Beutetiere führt. Illegaler Holzeinschlag und die Umwandlung von Land für die Landwirtschaft stören das empfindliche Gleichgewicht des Ökosystems Regenwald und bringen den Tiger an den Rand des Aussterbens.

Die Nachfrage nach Tigerteilen für die traditionelle Medizin und der illegale Handel mit Wildtieren treiben die Wilderei weiter an. Trotz strenger Gesetze und Schutzbemühungen bleibt die Verlockung des Profits eine große Herausforderung, die die Existenz dieser großartigen Art weiter gefährdet. Die Sensibilisierung und Aufklärung der Öffentlichkeit ist von entscheidender Bedeutung für die Bekämpfung dieser Praktiken, da sie die verheerenden Folgen solcher Aktivitäten und die dringende Notwendigkeit ihrer Beendigung verdeutlichen.

Wenn wir über die Bedeutung des Malaiischen Tigers nachdenken, werden wir an die komplizierte gegenseitige Abhängigkeit von Natur und Mensch erinnert. Schutz- und Erhaltungsmaßnahmen gehen über den Schutz einer einzelnen Art hinaus; sie sichern den Erhalt empfindlicher Ökosysteme und die nachhaltige Existenz zahlloser anderer Organismen, die von ihnen abhängen.

Durch internationale Zusammenarbeit und das kollektive Engagement von Einzelpersonen und Gemeinschaften geht der Kampf um die Zukunft des Malaiischen Tigers weiter. Naturschutzorganisationen, Forscher und Regierungen bemühen sich, die Herausforderungen frontal anzugehen, innovative Strategien umzusetzen und die Öffentlichkeit zu sensibilisieren, um der Bedrohung dieses majestätischen Tieres zu begegnen.

Der Malaiische Tiger ist nicht nur ein Symbol für Kraft und Widerstandsfähigkeit, sondern auch ein Beweis für unsere gemeinsame Verantwortung, die biologische Vielfalt unseres Planeten zu schützen und zu bewahren. Während wir die Seite zum nächsten Abschnitt der Geschichte des Malaiischen Tigers umblättern, tauchen wir tiefer in seine komplexe Welt ein, decken die dauerhaften Geheimnisse auf, die in ihm stecken, und entdecken die bemerkenswerten Lektionen, die diese großartige Kreatur zu bieten hat.

Während wir uns auf diese spannende Reise begeben, werden wir an das mächtige Brüllen der Wildnis erinnert, das durch die Wälder Malaysias hallt, während der Malaiische Tiger weiterhin unsere Herzen erobert und uns inspiriert, sein Überleben für kommende Generationen zu sichern.

ABSCHNITT 2: DAS FLÜCHTIGE RAUBTIER

Wir tauchen ein in die geheimnisvolle Natur und die Jagdtaktiken des malaiischen Tigers und beginnen, die rätselhafte Welt dieser großartigen Kreatur zu enträtseln. Die tropischen Regenwälder, dicht und undurchdringlich, bieten die perfekte Kulisse für die verstohlenen Verfolgungsjagden des Tigers. Seine bemerkenswerte Fähigkeit, sich in dieser Umgebung zurechtzufinden und Beute zu machen, ist ein Beweis für seine wahre Kraft.

Der Malaiische Tiger, wissenschaftlich bekannt als Panthera tigris jacksoni, ist eine Unterart des Tigers, die ausschließlich auf der Malaiischen Halbinsel vorkommt. Mit einer Körperlänge von bis zu drei Metern und einem Gewicht von über fünfhundert Pfund ist er ein furchterregendes Raubtier, das sowohl seine Beute als auch potenzielle Konkurrenten in Angst und Schrecken versetzt. Sein Fell, das mit wunderschönen orangefarbenen und schwarzen Streifen verziert ist, ermöglicht es ihm, sich nahtlos in das üppige Blattwerk zu integrieren und für ahnungslose Augen nahezu unsichtbar zu werden.

Eine der erstaunlichsten Eigenschaften des Malaiischen Tigers ist seine außergewöhnliche Athletik. Mit seinen muskulösen Gliedmaßen, die ihn mit unglaublicher

Geschwindigkeit vorwärts treiben, ist er in der Lage, seine Beute mit erstaunlicher Agilität zu jagen. Ob er sich an eine Herde Sambarhirsche heranpirscht oder einem Wildschwein auflauert, die Tarnkappe und Präzision des Tigers sind unvergleichlich. Seine graziösen und kalkulierten Bewegungen erlauben es ihm, sich seinem ahnungslosen Ziel zu nähern, ohne einen einzigen Laut von sich zu geben.

Zusätzlich zu seinen körperlichen Fähigkeiten verfügt der Malaien-Tiger über einen ausgeprägten Hör- und Sehsinn, der es ihm ermöglicht, das leiseste Rascheln von Blättern oder Bewegungen im Unterholz wahrzunehmen. Seine sorgfältig konstruierten Ohren, die sich drehen können, um Geräusche aus allen Richtungen zu erfassen, nehmen selbst die geringsten Vibrationen auf. Diese Anpassungen ermöglichen es ihm, sich zu verstecken und seine Anwesenheit oft erst dann zu verraten, wenn es für seine Beute zu spät ist.

Die Jagdtaktik des Malaiischen Tigers ist sowohl raffiniert als auch strategisch. Obwohl er über immense Kraft verfügt, verlässt er sich auf seine Gerissenheit und Geduld, um eine erfolgreiche Jagd zu gewährleisten. Im Gegensatz zu anderen Großkatzen, die sich ausschließlich auf rohe Gewalt verlassen, ist der Malaien-Tiger darauf bedacht, Energie zu sparen und die Effizienz zu maximieren. Er nimmt seine Umgebung genau unter die Lupe und analysiert jedes Detail, um sicherzustellen, dass seine Bemühungen nicht umsonst sind. Der Tiger kalkuliert den genauen Zeitpunkt für seinen Angriff und nutzt den Überraschungsmoment, um sich seine Beute zu sichern.

Einer der beeindruckendsten Aspekte des Jagdverhaltens des Malaiischen Tigers ist seine Fähigkeit, sich an die Überlebensstrategien seiner Beute anzupassen. Wenn er zum Beispiel flinke Affen jagt, die sich in den Baumkronen bewegen, lernt der Tiger, sich in den Höhen des Waldes zurechtzufinden, was seine bemerkenswerte Anpassungsfähigkeit unter Beweis stellt. Diese einzigartige Eigenschaft macht ihn zu einem hochentwickelten Raubtier, das in der Lage ist, verschiedene Herausforderungen zu meistern, die von unterschiedlichen

Beutetierarten gestellt werden.

Wenn wir die Jagdtechniken des Malaiischen Tigers genauer unter die Lupe nehmen, entdecken wir ein unvergleichliches Raubtier, das nicht nur Tarnkappe und Gewandtheit verkörpert, sondern auch ein tiefes Verständnis für seine Umwelt besitzt. Indem er sich seine Umgebung zu Nutze macht und seine natürlichen Fähigkeiten einsetzt, hat der Tiger einen methodischen Ansatz entwickelt, um sich seine nächste Mahlzeit zu sichern. Wie er in seinem Lebensraum vorgeht und wie er seine Beute überlistet, wird in der zweiten Hälfte dieses fesselnden Abschnitts gezeigt.

Die bemerkenswerte Fähigkeit des Malaiischen Tigers, sich an verschiedene Beutetierarten anzupassen, macht ihn zu einem beeindruckenden Raubtier in seinem Lebensraum. Wenn wir uns mit den Feinheiten seiner Jagdtechniken befassen, entdecken wir die wahre Kraft und Raffinesse dieses schwer fassbaren Raubtiers.

In den dichten Regenwäldern der Malaiischen Halbinsel geht der Malaiische Tiger geduldig und methodisch vor, um sich seine nächste Mahlzeit zu sichern. Er beobachtet sorgfältig das Verhalten seiner Beute, erkennt Muster und sagt ihre Bewegungen voraus. Durch das Studium der Herdendynamik und das Verständnis der Hierarchie innerhalb einer Gruppe findet der Tiger die schwächsten und verletzlichsten Individuen, die er angreifen kann.

Der getarnte Jäger besitzt die unheimliche Fähigkeit, sich seiner Umgebung anzupassen. Die Streifen auf seinem Fell dienen nicht nur der Tarnung, sondern stören auch sein Profil, so dass es für potenzielle Beutetiere noch schwieriger ist, seine Anwesenheit zu erkennen. Bei jedem Schritt bewegt sich der Tiger mit kalkulierter Präzision, um sicherzustellen, dass seine Bewegungen lautlos und unentdeckbar sind.

Je intensiver die Jagd wird, desto geduldiger wird der Malaien-Tiger. Er weiß, dass er seine Erfolgschancen erhöht, wenn er den richtigen Moment abwartet, um zuzuschlagen. Ob er sich im Laub versteckt oder strategisch in der Nähe von Wasserquellen positioniert, der Tiger bleibt stundenlang regungslos, unbeirrt und völlig auf sein Ziel konzentriert.

Wenn der richtige Zeitpunkt gekommen ist, entfesselt der Tiger seine ganze Kraft und Beweglichkeit. Blitzschnell stürzt er sich mit ausgefahrenen Krallen und weit geöffnetem Maul auf seine Beute. Der Überraschungseffekt kommt ihm dabei zugute, denn er lässt seinem ahnungslosen Opfer kaum eine Chance zu entkommen. Die schiere Kraft und Wildheit des Tigers überwältigt seine Beute und sorgt für eine schnelle und effiziente Tötung.

Was den Malaiischen Tiger von anderen Raubtieren unterscheidet, ist seine Fähigkeit, Strategien zu entwickeln, die auf den Überlebenstaktiken seiner Beutetiere basieren. Er passt seine Jagdtechniken ständig an, um der ausweichenden Natur der verschiedenen Arten zu begegnen. Wenn er beispielsweise leichtfüßige Tiere wie die flinke Serow verfolgt, nutzt der Tiger seine Intelligenz und seine Voraussicht, um Fluchtwege abzuschneiden und seine Beute in die Enge zu treiben.

Wenn wir den Malaiischen Tiger in Aktion erleben, erkennen wir, dass er mehr als nur körperliche Fähigkeiten besitzt. Er besitzt ein tiefes Verständnis für seine Umwelt und das komplizierte Netz des Lebens im Regenwald. Er erkennt, dass alle Lebewesen miteinander verbunden sind und dass jede Handlung eine Konsequenz hat.

Der Malaiische Tiger mag ein Symbol für Macht und Dominanz sein, aber er spielt auch eine wichtige Rolle bei der Erhaltung des empfindlichen Gleichgewichts des Ökosystems. Seine Anwesenheit hält Pflanzenfresserpopulationen in Schach, verhindert Überweidung und sichert das Überleben von Pflanzenarten. Auf diese Weise unterstützt er indirekt eine breite Palette von Organismen, darunter Insekten, Vögel und andere Raubtiere.

Trotz seiner Stärke und Anpassungsfähigkeit ist der Malaiische Tiger zahlreichen Bedrohungen ausgesetzt, die sein Überleben gefährden. Der Verlust seines Lebensraums, Wilderei und Konflikte zwischen Mensch und Tier gefährden weiterhin seinen Bestand. Als verantwortungsbewusste Verwalter der Natur ist es unsere Pflicht, das langfristige Überleben dieser großartigen Kreatur zu sichern und ihren Lebensraum zu schützen.

Zum Abschluss dieses fesselnden Abschnitts wurden wir Zeuge der unübertroffenen Tarnkappe des Malaiischen Tigers, seiner Gewandtheit und seines profunden Verständnisses seiner Umwelt. Er hat seine Fähigkeit unter Beweis gestellt, sich in dichten Dschungeln zurechtzufinden, seine Beute auszutricksen und seine Position als führendes Raubtier zu behaupten.

In der zweiten Hälfte dieses Abschnitts werden die außergewöhnlichen Eigenschaften beleuchtet, die den Malaiischen Tiger zu einem wahren Wunder der Natur machen. Bei seinem Überlebenskampf stellt er nicht nur seine körperliche Stärke, sondern auch seine Intelligenz, Anpassungsfähigkeit und sein strategisches Denken unter Beweis.

Wir verabschieden uns von der rätselhaften Welt des Malaiischen Tigers und haben ein neues Verständnis für die beeindruckende Kraft dieses schwer fassbaren Raubtiers entwickelt. Möge sein Brüllen weiterhin durch die Tiefen der Regenwälder hallen und ein Zeugnis für die wilde und ungezähmte Schönheit der natürlichen Welt sein.

ABSCHNITT 3: BEDROHT UND GEFÄHRDET

Sie beleuchtet die Bedrohungen und Herausforderungen, denen der Malaiische Tiger ausgesetzt ist, wie den Verlust seines Lebensraums, illegale Wilderei und die dringende Notwendigkeit von Schutzmaßnahmen.

Der prächtige malaysische Tiger, ein Symbol für Stärke und Anmut, durchstreifte einst die üppigen Regenwälder und dichten Dschungel Malaysias. Dieses majestätische Raubtier, das von den Einheimischen verehrt und von Tierliebhabern auf der ganzen Welt bewundert wird, steht heute am Rande der Ausrottung. Die Existenz des malaysischen Tigers ist durch verschiedene dringende Herausforderungen bedroht, die unsere sofortige Aufmerksamkeit und unser Handeln erfordern.

Eine der größten Bedrohungen für den malaysischen Tiger ist der Verlust seines Lebensraums. Da die Verstädterung und menschliche Aktivitäten in ihren natürlichen Lebensraum eindringen, sind diese mächtigen Kreaturen auf immer kleinere Gebiete beschränkt. Die durch Abholzung, Landwirtschaft und Infrastrukturentwicklung vorangetriebene Abholzung hat weite Teile der unberührten Wälder zerstört, die den Tigern einst reichlich Jagdgründe boten.

Mit jedem Tag, der verstreicht, schrumpft das Territorium des malaiischen Tigers, wodurch er dem zunehmenden Wettbewerb um Nahrung und Raum ausgesetzt ist. Dadurch steigt die Wahrscheinlichkeit von Konflikten zwischen diesen prächtigen Raubkatzen und den umliegenden Gemeinden, was die ohnehin schon prekäre Situation noch weiter verschlimmert. Das Eindringen in den Lebensraum der Tiger drängt sie immer mehr in isolierte Gebiete, wodurch sie anfälliger für Inzucht werden, was sich negativ auf ihre genetische Vielfalt auswirkt.

Illegale Wilderei stellt eine weitere ernste Bedrohung für das Überleben des malaiischen Tigers dar. Die wegen ihrer schönen Felle und Körperteile begehrten Tiger fallen einem lukrativen illegalen Wildtierhandel zum Opfer. Die Nachfrage nach Tigerteilen, die durch den Glauben an ihre medizinischen Eigenschaften und Statussymbole angetrieben wird, treibt diesen illegalen Markt trotz internationaler Verbote und strengerer Vorschriften weiter an.

Wilderer greifen bei ihrer Jagd auf gnadenlose Methoden zurück: Sie stellen diesen schwer fassbaren Tieren Fallen oder legen Schlingen aus, die ihnen unerträgliche Schmerzen zufügen und oft zum Tod führen. Auch die Verwendung von Giftködern hat sich zu einer herzzerreißenden Realität entwickelt. Die heimtückische Natur dieses Handels macht seine Bekämpfung schwierig und erfordert gemeinsame Anstrengungen von Regierungen, Strafverfolgungsbehörden, lokalen Gemeinschaften und Naturschutzorganisationen.

Angesichts der Schwere dieser Bedrohungen kann die Dringlichkeit wirksamer Schutzmaßnahmen nicht hoch genug eingeschätzt werden. Organisationen wie die Malaysian Conservation Alliance for Tigers (MYCAT) und staatliche Stellen arbeiten unermüdlich daran, die malaysische Tigerpopulation zu schützen und zu erhalten. Verschiedene Initiativen, wie die Einrichtung von Schutzgebieten und die Förderung nachhaltiger Landnutzungspraktiken, werden durchgeführt, um die verbleibenden Lebensräume zu schützen.

Bildungs- und Sensibilisierungskampagnen spielen eine

wichtige Rolle bei der Aufklärung der Öffentlichkeit über die Notlage des malaiischen Tigers. Durch die Förderung des Verständnisses für die Bedeutung dieser prächtigen Kreaturen im Ökosystem und ihre Gefährdung kann ein Verantwortungsgefühl kultiviert werden, das die Menschen dazu ermutigt, Schutzmaßnahmen zu unterstützen und sich an nachhaltigen Praktiken zu beteiligen.

Die Stärkung der lokalen Gemeinschaften ist von entscheidender Bedeutung für den Kampf gegen den Rückgang des Tigers. In Anerkennung ihrer Rolle als Verwalter des Landes trägt die Einbindung der Gemeinden in die Erhaltungsbemühungen dazu bei, ein gemeinsames Gefühl der Verantwortung und des Eigentums zu schaffen. Diese Zusammenarbeit erleichtert die Umsetzung von gemeinschaftsbasierten Initiativen, die die natürlichen Lebensräume des malaiischen Tigers schützen und gleichzeitig nachhaltige Alternativen für den Lebensunterhalt bieten.

Die Gesellschaft wird sich zunehmend der übergreifenden Herausforderungen bewusst, denen sich der malaiische Tiger gegenübersieht, und engagierte Einzelpersonen und Organisationen setzen sich weiterhin für seinen Schutz ein. Der Weg, der vor uns liegt, bleibt jedoch beschwerlich, und es bedarf gemeinsamer Anstrengungen, um diese Bedrohungen zu überwinden und die Zukunft des malaiischen Tigers zu sichern.

Der Kampf um das Überleben des malaysischen Tigers ist noch lange nicht vorbei. Angesichts der wachsenden Herausforderungen müssen sich die Schutzbemühungen weiterentwickeln und anpassen, um den langfristigen Schutz dieser großartigen Art zu gewährleisten.

Ein wichtiger Aspekt der Erhaltung ist die Durchsetzung von Gesetzen und Vorschriften zur Bekämpfung der illegalen Wilderei. Die Stärkung der Strafverfolgungsbehörden und ihre Ausstattung mit den notwendigen Ressourcen und Schulungen ist von größter Bedeutung. Darüber hinaus ist die internationale Zusammenarbeit unerlässlich, um die Netzwerke hinter dem illegalen Wildtierhandel zu zerschlagen. Durch den Austausch von Erkenntnissen und die Koordinierung der Bemühungen können wir diesem illegalen Markt Einhalt gebieten und die Zukunft des malaysischen Tigers sichern.

Darüber hinaus ist es von entscheidender Bedeutung, die lokalen Gemeinschaften als aktive Teilnehmer in die Erhaltungsinitiativen einzubeziehen. Diese Gemeinschaften leben oft in unmittelbarer Nähe zum Lebensraum des Tigers und können eine wichtige Rolle beim Schutz dieser Art spielen. Indem wir ihnen alternative Einkommensmöglichkeiten bieten und sie zu Verwaltern des Landes machen, schaffen wir ein Gefühl von Eigentum und Verantwortung. Die Zusammenarbeit zwischen Gemeinden, Naturschutzorganisationen und staatlichen Stellen kann zu innovativen Lösungen führen, die sowohl das Wohlergehen der Menschen vor Ort als auch den Schutz des malaiischen Tigers in den Vordergrund stellen.

Bildung ist nach wie vor ein wirksames Mittel, um ein tieferes Verständnis und eine größere Wertschätzung für die ökologische Bedeutung des malaiischen Tigers zu fördern. Indem wir die jüngere Generation über die Bedeutung der biologischen Vielfalt und die Bedrohung dieser Tierart aufklären, fördern wir ein Gefühl der Empathie und inspirieren künftige Naturschützer. Schulen, Gemeindezentren und Online-Plattformen können genutzt werden, um das Bewusstsein zu schärfen und verantwortungsbewusstes Handeln zu fördern, das zum Schutz dieser großartigen Kreaturen beiträgt.

Um das drängende Problem des Lebensraumverlustes anzugehen, müssen Aufforstungsmaßnahmen Vorrang haben. Die Wiederherstellung und Wiedervernetzung fragmentierter Landschaften bietet nicht nur dem malaiischen Tiger größere und gesündere Lebensräume, sondern kommt auch einer Vielzahl anderer bedrohter Arten zugute. In Zusammenarbeit mit den lokalen Gemeinschaften können Landbewirtschaftungsmethoden entwickelt werden, die den Bedürfnissen von Menschen und Wildtieren gerecht werden. Nachhaltige landwirtschaftliche Praktiken wie Agroforstwirtschaft und ökologischer Landbau können den Eingriff in die Lebensräume der Tiger minimieren und gleichzeitig nachhaltige Nahrungsquellen für die Gemeinden schaffen.

Internationale Zusammenarbeit und gemeinsames Handeln sind entscheidend für die Bewältigung der Herausforderungen, vor denen der malaysische Tiger steht. Durch den Austausch von wissenschaftlichen Forschungsergebnissen, bewährten Verfahren und Erfolgsgeschichten können wir von den Erfahrungen anderer lernen und Strategien anpassen, die sich andernorts bewährt haben. Internationale Organisationen und Regierungen müssen weiterhin Ressourcen bereitstellen und Schutzmaßnahmen finanzieren, um das Überleben dieser ikonischen Art zu sichern.

In unserem Bestreben, die Zukunft des malaiischen Tigers zu sichern, ist es wichtig, die Rolle des Einzelnen anzuerkennen, der etwas bewirken kann. Jeder Einzelne kann durch einfache Maßnahmen wie die Unterstützung von Organisationen, die sich für den Schutz des Tigers einsetzen, die Wahl nachhaltiger Produkte und die Förderung verantwortungsvoller Tourismuspraktiken einen Beitrag leisten. Durch gemeinsames Handeln können wir das Blatt wenden und den malaiischen Tiger vor dem Aussterben bewahren.

Zusammenfassend lässt sich sagen, dass die Herausforderungen, vor denen der malaysische Tiger steht, dringende und konzertierte Maßnahmen erfordern. Der Verlust von Lebensraum, die illegale Wilderei und die Notwendigkeit wirksamer Schutzmaßnahmen erfordern unser aller unermüdliches Engagement. Durch die Stärkung der Strafverfolgung, die Einbindung lokaler Gemeinschaften, die Förderung von Bildung und Bewusstsein, die Umsetzung nachhaltiger Landnutzungspraktiken und die Förderung internationaler Kooperationen können wir das Überleben des malaiischen Tigers sichern. Es liegt in unser aller Verantwortung, gemeinsam im Einklang mit der Wildnis zu brüllen und diese Ikone der Stärke und Anmut für kommende Generationen zu schützen.

ABSCHNITT 4: WÄCHTER DES DSCHUNGELS

Wenn die Sonne über dem dichten Dschungel Malaysias aufgeht, erwacht eine engagierte Gruppe von Einzelpersonen und Organisationen, bereit, einen weiteren Tag zum Schutz und zur Erhaltung des majestätischen Malaiischen Tigers zu beginnen. Diese unbesungenen Helden bilden die Vorhut und arbeiten unermüdlich daran, das Überleben einer bedrohten Tierart zu sichern, die einen wichtigen Platz im Herzen der Nation einnimmt.

Eine dieser Organisationen, die Malayan Tiger Alliance (MTA), steht seit mehreren Jahrzehnten an der Spitze der Schutzbemühungen. Die MTA hat sich dem Schutz des Lebensraums des Tigers und der Bekämpfung der Probleme, die seine Existenz bedrohen, verschrieben und hat durch Zusammenarbeit und innovative Initiativen bemerkenswerte Erfolge erzielt. Durch die enge Zusammenarbeit mit den lokalen Gemeinschaften konnte ein Netz von Schutzgebieten eingerichtet werden, das dem Malaiischen Tiger sichere Rückzugsgebiete bietet.

Eine ihrer erfolgreichsten Unternehmungen ist das Tiger Watch Program. Dieses einzigartige Projekt umfasst die Rekrutierung und Ausbildung von Einheimischen, die damit befähigt werden, als Wächter des Dschungels zu agieren. Durch kontinuierliche Aufklärung und Unterstützung sind diese Menschen zu den Augen und Ohren der MTA geworden und melden jegliche Anzeichen von Wilderei, Lebensraumzerstörung oder illegalen Aktivitäten in den Tigergebieten. Ihr Engagement und ihre Entschlossenheit haben dazu beigetragen, die Bedrohung für die malaiischen Tiger zu verringern.

Aber die MTA ist nicht allein in ihrem Kampf für den Schutz dieser ikonischen Art. Andere engagierte Organisationen wie Tigers Forever und die Wildlife Conservation Society haben ihre Kräfte gebündelt, um ihre Bemühungen zu verstärken. Durch Forschung, Lobbyarbeit und Engagement in den Gemeinden haben diese Organisationen große Fortschritte bei der Sensibilisierung für die Bedeutung des Schutzes des Malaiischen Tigers und seines Lebensraums gemacht.

Inmitten der Herausforderungen, mit denen sie konfrontiert sind, bleibt eines sicher: Die Hüter des Dschungels lassen sich von den bemerkenswerten Geschichten inspirieren, die sich aus ihrer Arbeit ergeben haben. Die Geschichte von Rahim, einem ehemaligen Wilderer, der zum Wildhüter wurde, ist ein Beweis für die verändernde Kraft der Naturschutzbemühungen. Einst von Verzweiflung und finanzieller Not getrieben, patrouilliert Rahim heute mit neuer Zielstrebigkeit durch die Wälder, um genau die Lebewesen zu schützen, die er einst bedrohte. Seine Geschichte erinnert uns daran, dass Veränderungen möglich sind und dass der Weg zur Erlösung durch Hingabe und Mitgefühl geebnet werden kann.

Neben engagierten Einzelpersonen haben auch die lokalen Gemeinschaften eine wichtige Rolle im Kampf um die Rettung des Malaiischen Tigers gespielt. Da sie den Wert des Tigers für ihre Kultur und ihr Erbe erkannt haben, beteiligen sich die Gemeinden aktiv an den Schutzbemühungen. Durch die Einführung alternativer Einkommensquellen wie Ökotourismus und nachhaltige Landwirtschaft haben sie Wege gefunden, sich selbst zu versorgen und gleichzeitig die natürlichen Lebensräume dieser großartigen Kreaturen zu erhalten. Dieser ganzheitliche Ansatz kommt nicht nur der Tigerpopulation zugute, sondern stärkt auch das Gefühl des Stolzes und der Verantwortung der lokalen Gemeinschaften.

In der zweiten Hälfte dieses Abschnitts werden wir weitere inspirierende Geschichten von Widerstandsfähigkeit, Aufopferung und Triumph entdecken. Wir werden Zeuge des unerschütterlichen Engagements dieser Hüter des Dschungels und erkunden die innovativen Initiativen, die sie einsetzen, um das Überleben des Malaiischen Tigers zu sichern. Die Opfer, die sie bringen, die Risiken, die sie eingehen, und die Erfolge, die sie feiern, tragen alle zum Vermächtnis dieser bemerkenswerten Personen und Organisationen bei. Aber jetzt geht ihre Reise weiter, ermutigt durch die Zukunft, die vor ihnen liegt, während sie daran arbeiten, eine Zukunft zu sichern, in der das Brüllen der Wildnis noch für Generationen nachhallt.

Und so halten wir, ohne einen Schluss oder eine Zusammenfassung, inne und lassen die Geschichte dieser Wächter des Dschungels in der Luft hängen, in Erwartung einer Fortsetzung in der zweiten Hälfte dieses Abschnitts. Während wir unsere Reise durch die ungezähmte Wildnis des

Lebensraums des malaiischen Tigers fortsetzen, liegt ein Gefühl der Ehrfurcht in der Luft, das den Leser dazu drängt, weiter in die fesselnden Geschichten einzutauchen, die gleich nach dem Umblättern der Seite beginnen. Die Wächter des Dschungels haben unzählige Hindernisse und Herausforderungen überwunden, doch ihre Entschlossenheit ist ungebrochen. In ihrem unermüdlichen Einsatz für den Schutz und die Erhaltung dieser ikonischen Spezies haben sie eine unverbrüchliche Verbindung mit der Natur geschaffen, die Grenzen überschreitet und den Beschränkungen des menschlichen Eingriffs trotzt.

Hoch in den Bergen trotzt eine Gruppe engagierter Forscher der Malayan Tiger Alliance (MTA) auf der Suche nach Antworten dem tückischen Terrain. Bewaffnet mit modernster Technologie sammeln sie akribisch Daten über das Verhalten, die Populationsdynamik und die ökologischen Bedürfnisse der malaiischen Tiger. Dieses unschätzbare Wissen ermöglicht es ihnen, fundierte Schutzstrategien zu entwickeln und überzeugende Argumente für politische Veränderungen zu liefern, die die Zukunft dieses majestätischen Tieres sichern.

Eine der bemerkenswertesten Initiativen dieser engagierten Naturschützer ist die Einrichtung von Tigerkorridoren. In der Erkenntnis, dass das Überleben des Malaiischen Tigers davon abhängt, dass er sich frei bewegen kann, schaffen diese Korridore lebenswichtige Verbindungen zwischen fragmentierten Lebensräumen. Durch die Sicherung der genetischen Vielfalt der Art und die Ausweitung ihres Verbreitungsgebiets bemühen sich die Wächter des Dschungels, eine lebendige und widerstandsfähige Population für kommende Generationen zu sichern.

Doch es sind nicht nur technologische Fortschritte und wissenschaftliche Forschung, die die Wächter vorantreiben. In einem abgelegenen Dorf am Rande des Dschungels vereint eine gemeinsame Leidenschaft für den Naturschutz eine ungewöhnliche Gruppe von Menschen. Diese bemerkenswerten jungen Freiwilligen, die als "Guardian Youth" bekannt sind, haben es auf sich genommen, das Bewusstsein für den

Malaiischen Tiger in ihrer Gemeinde zu schärfen.

Durch engagierte Workshops und Aufklärungskampagnen entfachen sie in den Herzen ihrer Mitschüler einen Funken Neugier und Mitgefühl. Die Guardian-Jugend bringt den Wert der Erhaltung des Lebensraums des Tigers wortgewandt zum Ausdruck und inspiriert ihre Dorfbewohner, sich der Sache anzuschließen. Durch diese Graswurzelbewegung schlägt der Wandel langsam Wurzeln, verändert die Einstellung zum Schutz der Wildtiere und ebnet den Weg für eine bessere Zukunft.

Im Herzen des Dschungels sind engagierte Wildhüter weiterhin wachsam und patrouillieren unermüdlich, um die Bedrohung des Malaiischen Tigers zu bekämpfen. Mit unerschütterlicher Entschlossenheit entschärfen sie illegale Fallen, fangen Wilderer ab und zerschlagen die Netzwerke, die den illegalen Handel mit Wildtieren vorantreiben. Diese mutigen Menschen setzen ihr Leben aufs Spiel und setzen sich unbeirrt für den Schutz des Naturerbes ihres Landes ein.

Jenseits des Dschungels ertönt im ganzen Land ein Chor von vereinten Stimmen. Umweltschützer nutzen traditionelle und soziale Medienplattformen, um öffentliche Unterstützung und Regierungsmaßnahmen für den Erhalt des Malaiischen Tigers zu gewinnen. Diese leidenschaftlichen Menschen treten unermüdlich mit Entscheidungsträgern in Kontakt und fordern sie auf, die Gesetzgebung zu verschärfen und die Mittel für den Schutz des Tigers aufzustocken. Ihre konzertierte Lobbyarbeit stärkt die Mission der Wächter und stellt sicher, dass ihre Arbeit nicht unbemerkt und unbelohnt bleibt.

Wenn wir die letzten Seiten dieses Abschnitts erreichen, kann man nur Ehrfurcht vor den kollektiven Bemühungen dieser Wächter des Dschungels haben. Ihr unerschütterliches Engagement, das von der gemeinsamen Liebe zum Malaiischen Tiger angetrieben wird, dient als Leuchtfeuer der Hoffnung in einer Welt, die oft von ökologischer Unsicherheit überschattet wird. Die wahre Kraft dieser unverwüstlichen Wächter liegt nicht nur in ihrem unermüdlichen Einsatz für den Naturschutz, sondern auch in den tiefgreifenden Auswirkungen, die sie auf künftige Generationen haben.

Wenn wir diesen Abschnitt hinter uns lassen, erleuchtet von den Geschichten über Mut und Ausdauer, dann tun wir dies mit einem Gefühl der Erneuerung. Die Wächter des Dschungels setzen ihren Weg unbeirrt fort, ihr Engagement für das Überleben des Malaiischen Tigers ist so unnachgiebig wie der Ruf der Wildnis. Während wir die Seite umblättern, setzt sich ihre Reise fort und webt einen Teppich der Hoffnung und Widerstandsfähigkeit, der durch den dichten Dschungel hallt und das Brüllen der Wildnis in eine vielversprechende Zukunft trägt.

ABSCHNITT 5: BRÜLLEN FÜR DEN WANDEL

Ein Aufruf an die Leser, sich der weltweiten Bewegung zum Schutz der Zukunft des Malaiischen Tigers anzuschließen und sich gemeinsam für sein Überleben und den Erhalt der Artenvielfalt einzusetzen.

Im dichten Dschungel der malaiischen Halbinsel, wo das smaragdgrüne Blätterdach das uralte Land schützt, lebt eine mächtige und majestätische Kreatur, die Respekt und Ehrfurcht gebietet. Der Malaiische Tiger, Panthera tigris jacksoni, eine einzigartige Unterart, die ausschließlich im Herzen Südostasiens vorkommt, verkörpert mit seiner ehrfurchtgebietenden Präsenz den Geist der Wildnis. Diese ikonische Tierart ist jedoch einer unerbittlichen Bedrohung ausgesetzt, die ihr Überleben gefährdet und das komplizierte Gleichgewicht der Ökosysteme unseres Planeten stört.

Die Menschheit befindet sich heute mehr denn je an einem entscheidenden Scheideweg. Das empfindliche Netz des Lebens auf der Erde ist dabei, sich zu entwirren, und das Schicksal des Malaiischen Tigers liegt in unseren Händen. Wir haben es in der Hand, die Zukunft zu gestalten und zu entscheiden, ob diese großartige Kreatur weiterhin umherstreifen oder in den Annalen der Geschichte verschwinden wird. Es ist eine Verantwortung, die zum Handeln auffordert, eine kollektive Anstrengung, um die Existenz des Malaiischen Tigers zu schützen und zu erhalten, denn er ist nicht nur ein Symbol der Stärke, sondern auch ein wesentlicher Bestandteil der biologischen Vielfalt unseres Planeten.

Um die Dringlichkeit unserer Aufgabe zu begreifen, müssen wir die tiefgreifende Bedeutung der biologischen Vielfalt verstehen. Die biologische Vielfalt umfasst die atemberaubende Vielfalt des Lebens auf der Erde, von mikroskopisch kleinen Organismen bis hin zu mächtigen Kreaturen wie dem Malaiischen Tiger. Jede Art, egal wie klein oder unscheinbar sie ist, spielt eine entscheidende Rolle bei der Aufrechterhaltung des empfindlichen Gleichgewichts unserer Ökosysteme. Es handelt sich um ein riesiges, miteinander verbundenes System, in dem jeder lebende Organismus einen Faden bildet, und das Entfernen eines Fadens bedroht das gesamte Gewebe, das das Leben aufrechterhält.

Der Malaiische Tiger ist ein Aushängeschild und steht für die Lebenskraft, die die tropischen Regenwälder durchzieht. Seine Erhaltung dient nicht nur seiner selbst, sondern auch der Erhaltung unzähliger anderer Arten, die von seiner Anwesenheit abhängen. Durch den Schutz dieser großartigen Kreatur schützen wir die Lebensräume, in denen sie zu Hause ist, die üppigen Dschungel, in denen es von komplizierten Interaktionen wimmelt, und die unzähligen Pflanzen- und Tierarten, die für ihr Überleben auf diese Umgebungen angewiesen sind.

Doch der Malaiische Tiger steht am Rande der Ausrottung. Seine Population ist dezimiert worden, Opfer von Lebensraumverlust, Wilderei und Konflikten mit Menschen. Das große Brüllen, das einst durch die Wälder hallte, droht nun eine ferne Erinnerung zu werden und in der Nacht zu verschwinden. Die Situation ist katastrophal und erfordert unsere uneingeschränkte Aufmerksamkeit und einen dringenden Aufruf zum Handeln, um das Überleben dieser Art zu sichern.

Jeder Einzelne hat die Möglichkeit, etwas zu bewirken, ganz gleich, wo er sich aufhält. Wir müssen uns über Grenzen, Kulturen und Hintergründe hinweg zusammenschließen, um eine globale Bewegung zu gründen, die sich für die Sache des Malaiischen Tigers einsetzt. Gemeinsam können wir einen Welleneffekt erzeugen, der isolierte Aktionen zum Schutz des Tigers in eine Flutwelle der Veränderung verwandelt.

Unser erster Schritt besteht darin, das Bewusstsein zu schärfen und auf die Notlage des Malaiischen Tigers und seine entscheidende Bedeutung im Gesamtgefüge der biologischen Vielfalt hinzuweisen. Durch Aufklärung und Öffentlichkeitsarbeit können wir die Welt auf den dringenden Bedarf an schnellem Handeln aufmerksam machen. Indem wir die Geschichte dieser beeindruckenden Kreaturen und ihrer bemerkenswerten Anpassungen erzählen, entfachen wir einen Funken Empathie und wecken die Leidenschaft für den Schutz aller Arten, ob groß oder klein.

Gleichzeitig müssen wir die treibenden Kräfte hinter dem Rückgang des Tigers bekämpfen. Die Schutzbemühungen müssen sich auf den Erhalt und die Wiederherstellung der Lebensräume des Tigers konzentrieren, damit er den Platz und die Ressourcen hat, die er zum Überleben braucht. Durch die Stärkung von Schutzgebieten, die Einrichtung von Korridoren für Wildtiere und die Bekämpfung der Abholzung können wir den Weg für eine bessere Zukunft ebnen, die die Bedürfnisse der Menschen berücksichtigt und gleichzeitig den Eigenwert aller Lebewesen würdigt.

Wenn wir uns auf den Weg machen, um die Zukunft des Malaiischen Tigers zu sichern, dürfen wir nicht vergessen, dass die Zeit ein entscheidender Faktor ist. Das Schicksal dieser Spezies, ja unseres Planeten, hängt gefährlich in der Schwebe. Lassen wir unsere Stimmen wie das Brüllen der Wildnis erklingen, das in allen Ecken der Welt widerhallt. Gemeinsam können wir eine Welt schaffen, in der der Malaiische Tiger ein lebendiges Zeugnis für den Triumph der Fähigkeit der

Menschheit zu Mitgefühl und Bewahrung bleibt.

Um die Zukunft des Malaiischen Tigers zu sichern, müssen gemeinsame Anstrengungen unternommen werden, um die unmittelbaren Bedrohungen zu bekämpfen und sein langfristiges Überleben zu gewährleisten. Es ist wichtig, die Bedeutung der Zusammenarbeit zwischen Wissenschaftlern, Naturschützern, Regierungen und lokalen Gemeinschaften zu erkennen, um greifbare und dauerhafte Ergebnisse zu erzielen.

Eine der dringendsten Herausforderungen ist der Kampf gegen den illegalen Wildtierhandel, der die Wilderei anheizt und die Tigerpopulation weiter dezimiert. Diese illegale Industrie hat nicht nur Auswirkungen auf die malaiischen Tiger, sondern bedroht auch zahllose andere bedrohte Arten weltweit. Um diese Krise wirksam zu bekämpfen, ist die internationale Zusammenarbeit von größter Bedeutung. Die Regierungen müssen die Gesetzgebung und die Durchsetzung der Gesetze verschärfen, die Strafen für den illegalen Wildtierhandel erhöhen und in die Ausbildung der Strafverfolgungsbehörden investieren, um die Netzwerke des illegalen Handels zu durchschauen.

Gleichzeitig sollten die Bemühungen darauf gerichtet sein, die lokalen Gemeinschaften, die in unmittelbarer Nähe von Tigerlebensräumen leben, einzubeziehen und zu stärken. Diese Gemeinschaften können als Augen und Ohren vor Ort eine entscheidende Rolle spielen, indem sie illegale Aktivitäten melden und Schutzinitiativen unterstützen. Durch die Einrichtung von gemeinschaftsgetragenen Schutzprogrammen können wir ein Gefühl der Eigenverantwortung und des Stolzes fördern und so das langfristige Engagement für den Schutz der malaiischen Tiger sicherstellen.

Neben der Bewältigung der unmittelbaren Bedrohungen ist es von entscheidender Bedeutung, sich auf die Erhaltung und Wiederherstellung von Lebensräumen zu konzentrieren. Die Zerstörung der Wälder für die Landwirtschaft, die Urbanisierung und die Entwicklung der Infrastruktur hat die verfügbaren Lebensräume für Tiger drastisch reduziert.

Um dem entgegenzuwirken, müssen wir auf die Schaffung von Schutzgebieten und Wildtierkorridoren hinarbeiten, die fragmentierte Lebensräume miteinander verbinden, den Genfluss ermöglichen und gesunde Tigerpopulationen fördern.

Außerdem muss die Abholzung der Wälder, die durch Abholzung und nicht nachhaltige landwirtschaftliche Praktiken verursacht wird, direkt angegangen werden. Regierungen und Interessengruppen sollten eine nachhaltige Landnutzung fördern und Anreize für lokale Gemeinschaften schaffen, umweltfreundliche Praktiken einzuführen. Durch die Schaffung wirtschaftlicher Alternativen, wie Agroforstwirtschaft oder Ökotourismus, können wir den Druck auf die Lebensräume von Tigern mindern und den lokalen Gemeinschaften eine nachhaltige Lebensgrundlage bieten.

Bildung und Bewusstseinsbildung sind die Schlüsselkomponenten zur Förderung eines langfristigen Wandels. Es ist wichtig, Wissen über die Bedeutung der biologischen Vielfalt, die Notlage des Malaiischen Tigers und die gegenseitige Abhängigkeit der Ökosysteme zu vermitteln. Bildungsprogramme sollten auf Schulen, Gemeindezentren und Online-Plattformen abzielen, um ein breites Publikum zu erreichen und ein Gefühl von Verantwortung und Eigenverantwortung zu vermitteln.

Darüber hinaus müssen wir die Macht der Technologie und der Innovation für unsere Schutzbemühungen nutzen. Instrumente wie Kamerafallen und DNA-Analysen können unschätzbare Daten über Tigerpopulationen, ihr Verhalten und die Nutzung ihres Lebensraums liefern. Mithilfe dieser Informationen können Wissenschaftler und Naturschützer fundierte Strategien zum wirksamen Schutz der Tiger entwickeln.

Die Zukunft des Malaiischen Tigers zu sichern, ist nicht nur eine Aufgabe, sondern unsere moralische Verpflichtung. Als verantwortungsvolle Verwalter dieses Planeten haben wir die Macht, das Schicksal unserer natürlichen Welt zu bestimmen. Indem wir zusammenkommen und Grenzen und Unterschiede überwinden, können wir eine globale Bewegung schaffen, die die biologische Vielfalt, die der Malaiische Tiger verkörpert, wertschätzt.

Der Weg zur Sicherung der Zukunft dieser großartigen Art wird nicht einfach sein, aber er ist unerlässlich. Er erfordert von jedem Einzelnen von uns Widerstandsfähigkeit, Entschlossenheit und unerschütterliches Engagement. Lassen Sie uns gemeinsam unsere Stimme erheben, um die Botschaft des Artenschutzes zu verbreiten und von Politikern, Unternehmen und Einzelpersonen gleichermaßen Maßnahmen zu fordern.

Im Herzen des dichten Dschungels, wo das smaragdgrüne Blätterdach das uralte Land schützt, hallt das Getöse des Wandels wider. Möge es durch die Jahrhunderte hallen und uns an unsere Pflicht erinnern, den Malaiischen Tiger zu schützen und zu erhalten, damit er auch für kommende Generationen ein Symbol für Stärke und Widerstandsfähigkeit bleibt. Unsere gemeinsamen Anstrengungen von heute werden eine Zukunft gestalten, in der die Wildnis noch brüllt und die Artenvielfalt gedeiht.

KAPITEL 6: DER SUMATRA-TIGER

ABSCHNITT 1: DIE GESCHICHTE DER SUMATRA-TIGER

Der Sumatra-Tiger, Panthera tigris sumatrae, ist eine prächtige Kreatur, die die Fantasie vieler Menschen angeregt hat. Diese Unterart des Tigers, die ausschließlich auf der indonesischen Insel Sumatra vorkommt, hat eine faszinierende Geschichte und einen reichen evolutionären Hintergrund. Die Zukunft des Sumatra-Tigers ist jedoch ungewiss, denn er steht vor zahlreichen Herausforderungen, die dazu geführt haben, dass er heute vom Aussterben bedroht ist.

Die Ursprünge des Sumatra-Tigers lassen sich bis in das Pleistozän zurückverfolgen, als er erstmals auf der Insel Sumatra auftauchte. Als größtes überlebendes Landraubtier Sumatras hat diese majestätische Raubkatze im Laufe der Zeit bemerkenswerte Anpassungen durchlaufen, um in ihrem einzigartigen Lebensraum zu gedeihen. Von seinem ausgeprägten Muster aus dunkel-orangem Fell mit schmalen schwarzen Streifen bis hin zu seiner geringeren Größe im Vergleich zu anderen Tigerunterarten hat sich der Sumatra-Tiger zu einem Meister seiner Umgebung entwickelt.

Die dichten Regenwälder und die abgelegenen Bergregionen

Sumatras bieten dem Sumatra-Tiger perfekte Bedingungen für sein Gedeihen. Mit einer Fülle natürlicher Beutetiere, darunter Hirsche, Wildschweine und Tapire, hat er es geschafft, seine Vorherrschaft in diesem üppigen Ökosystem zu behaupten. Seit Jahrhunderten spielt der Sumatra-Tiger eine entscheidende Rolle bei der Aufrechterhaltung des ökologischen Gleichgewichts und sichert die Stabilität seines Lebensraums.

Leider war die Reise des Sumatra-Tigers in der Geschichte nicht ohne Hindernisse. Menschliche Aktivitäten haben das Überleben des Tigers erheblich gefährdet. Der Verlust und die Zerstückelung seines Lebensraums durch Abholzung, illegalen Holzeinschlag und Palmölplantagen haben den natürlichen Lebensraum des Tigers stark beeinträchtigt. Da die menschliche Bevölkerung wächst und die Nachfrage nach Ressourcen steigt, verliert der Sumatra-Tiger seine Heimat in alarmierendem Tempo.

Darüber hinaus hat der illegale Handel mit Wildtieren einen verheerenden Tribut für den Sumatra-Tiger gefordert. Seine auffallende Schönheit und Seltenheit haben ihn zu einem bevorzugten Ziel für Wilderer gemacht, die aus seinen Körperteilen Profit schlagen wollen. Die Nachfrage nach Tigerknochen, Fellen und Zähnen für die traditionelle Medizin und den Handel mit exotischen Haustieren hat den Sumatra-Tiger an den Rand der Ausrottung gebracht. Trotz der Bemühungen von Naturschutzorganisationen und der indonesischen Regierung halten diese illegalen Aktivitäten an und verschlimmern die Probleme, mit denen diese ikonische Tierart zu kämpfen hat.

Dass der Sumatra-Tiger vom Aussterben bedroht ist, bedeutet nicht nur einen Verlust für seine eigene Art, sondern auch für das empfindliche Gleichgewicht des gesamten Ökosystems. Als Spitzenprädator trägt seine Anwesenheit dazu bei, die Populationen von Pflanzenfressern zu kontrollieren, was wiederum kaskadenartige Auswirkungen auf die Vegetation und andere Tierarten hat. Das Verschwinden des Sumatra-Tigers würde diese komplizierten Beziehungen stören und möglicherweise zu einem ökologischen Ungleichgewicht führen.

Daher ist dringender Handlungsbedarf gegeben, um das Überleben des Sumatra-Tigers zu sichern. Schutzbemühungen, die sich auf den Schutz seines natürlichen Lebensraums, die Bekämpfung des illegalen Wildtierhandels und die Sensibilisierung für die Bedeutung des Erhalts dieser einzigartigen Unterart konzentrieren, sind von größter Bedeutung. Gemeinsame Initiativen von lokalen Gemeinschaften, Regierungen und internationalen Organisationen sind entscheidend, um dem Sumatra-Tiger eine Zukunft zu sichern.

In der zweiten Hälfte des Abschnitts werden wir uns mit den laufenden Schutzbemühungen und den innovativen Ansätzen befassen, die zur Sicherung der Zukunft des Sumatra-Tigers eingesetzt werden. Von der wissenschaftlichen Forschung bis hin zu gemeinschaftsbasierten Initiativen gibt es einen Hoffnungsschimmer inmitten der Herausforderungen, denen sich diese gefährdete Art stellen muss. Begleiten Sie uns, wenn wir die Geheimnisse des Sumatra-Tigers lüften und herausfinden, wie wir sein Überleben für künftige Generationen sichern können.

Trotz der Herausforderungen, denen sich der Sumatra-Tiger stellen muss, gibt es einen Hoffnungsschimmer für seine Zukunft. Es gibt Bemühungen, diese ikonische Art zu schützen und ihr Überleben für kommende Generationen zu sichern. Durch die gemeinsamen Bemühungen von Wissenschaftlern, lokalen Gemeinschaften, Regierungen und internationalen Organisationen werden innovative Ansätze angewandt, um die verschiedenen Bedrohungen des Sumatra-Tigers zu bekämpfen.

Die wissenschaftliche Forschung spielt eine entscheidende Rolle für das Verständnis des Verhaltens, der Ökologie und des Schutzbedarfs des Sumatra-Tigers. Forscher setzen moderne Technologien wie Kamerafallen und DNA-Analysen ein, um wichtige Informationen über die Populationsgröße, die Verteilung und die Bewegungsmuster dieser großartigen Tiere zu sammeln. Diese Daten helfen Naturschützern, wirksame Schutzstrategien zu entwickeln, wichtige Lebensräume zu identifizieren und die Auswirkungen ihrer Bemühungen im Laufe der Zeit zu überwachen.

Ein solcher innovativer Ansatz ist die Einrichtung von Schutzgebieten und Wildtierkorridoren, um die verbleibenden natürlichen Lebensräume des Sumatra-Tigers zu erhalten. Naturschutzorganisationen arbeiten mit lokalen Gemeinschaften und Regierungen zusammen, um ein Netz von Schutzgebieten zu schaffen, die durch Wildtierkorridore miteinander verbunden sind und es den Tigern ermöglichen, zwischen ihren Lebensräumen zu wechseln und die genetische Vielfalt zu erhalten. Diese Schutzgebiete sind für den Erhalt der Sumatra-Tiger und der einzigartigen Artenvielfalt in ihren Lebensräumen unerlässlich.

Neben dem Schutz der natürlichen Lebensräume werden auch Anstrengungen unternommen, um das Problem des illegalen Wildtierhandels anzugehen. Naturschutzorganisationen arbeiten eng mit den Strafverfolgungsbehörden zusammen, um die Wilderei und den illegalen Handel mit Sumatra-Tigern zu bekämpfen. Es wurden spezialisierte Anti-Wilderer-Einheiten eingerichtet, die in den Wäldern patrouillieren und die an illegalen Aktivitäten beteiligten Personen festnehmen. Strenge Strafen und Strafverfolgungsmaßnahmen gegen Wildtierhändler werden durchgeführt, um den illegalen Handel zu unterbinden und die Lieferketten zu unterbrechen, die diese Zerstörung verursachen.

Ein wesentlicher Aspekt bei der Rettung des Sumatra-Tigers ist die Sensibilisierung der lokalen Gemeinschaften und der Öffentlichkeit für die Bedeutung des Schutzes. Es werden Aufklärungskampagnen durchgeführt, um die Menschen über den Wert des Schutzes dieser einzigartigen Unterart und ihre Rolle bei der Erhaltung des ökologischen Gleichgewichts zu informieren. Durch die Einbeziehung der lokalen Gemeinschaften in die Erhaltungsbemühungen werden sie in die Lage versetzt, ihr natürliches Erbe zu verwalten und sich aktiv am Schutz des Sumatra-Tigers zu beteiligen.

Partnerschaften zwischen Naturschutzorganisationen, lokalen Gemeinschaften und Regierungen haben sich bei der Erreichung von Schutzzielen als wirksam erwiesen. Gemeinsame Initiativen wie die gemeindebasierte Waldbewirtschaftung und Programme zur nachhaltigen Sicherung des Lebensunterhalts werden umgesetzt, um die Ursachen für die Zerstörung von Lebensräumen und den illegalen Handel mit Wildtieren zu bekämpfen. Durch die Bereitstellung alternativer Einkommensquellen verringern solche Initiativen den Druck auf die natürlichen Ressourcen und fördern nachhaltige Praktiken, die sowohl den lokalen Gemeinschaften als auch dem Sumatra-Tiger zugute kommen.

Die Bedeutung der internationalen Zusammenarbeit kann nicht hoch genug eingeschätzt werden, wenn es um die Erhaltung des Sumatra-Tigers geht. Internationale Organisationen, die die globale Bedeutung des Schutzes dieser gefährdeten Art erkannt haben, arbeiten Hand in Hand mit lokalen Partnern, um technisches Know-how, finanzielle Mittel und logistische Unterstützung bereitzustellen. Gemeinsam versuchen sie, ihre Wirkung zu verstärken und das langfristige Überleben des Sumatra-Tigers zu sichern.

Es bleibt zwar noch viel zu tun, aber die gemeinsamen Bemühungen von Naturschützern, Wissenschaftlern, lokalen Gemeinschaften und Regierungen sind ein Beweis für das unerschütterliche Engagement zur Rettung des Sumatra-Tigers. Dank ihres Engagements und ihrer Beharrlichkeit gibt es Hoffnung für die Zukunft dieser großartigen Tierart.

Zum Abschluss dieses Abschnitts ist es wichtig, daran zu erinnern, dass das Überleben des Sumatra-Tigers über seine eigene Existenz hinausgeht. Seine Erhaltung ist ein wesentlicher Bestandteil der Bewahrung eines empfindlichen Gleichgewichts innerhalb des Ökosystems. Das Fortbestehen dieses Top-Raubtiers trägt dazu bei, gesunde Populationen von Pflanzenfressern zu erhalten, die Vegetation zu regulieren und das Überleben zahlreicher anderer Tierarten zu sichern.

In den kommenden Abschnitten dieses Buches werden wir uns eingehender mit den laufenden Schutzbemühungen, den Herausforderungen und den innovativen Lösungen befassen, die umgesetzt werden, um dem Sumatra-Tiger eine Zukunft zu sichern. Indem wir die Geheimnisse dieser majestätischen Kreatur lüften, hoffen wir, jeden Leser dazu zu inspirieren, zum Schutz des Sumatra-Tigers und zur Erhaltung der Artenvielfalt unseres Planeten beizutragen.

Bleiben Sie dran, wenn wir uns auf die Reise machen, um die Geheimnisse des Sumatra-Tigers zu lüften und die Möglichkeiten zu entdecken, die vor uns liegen.

ABSCHNITT 2: ANATOMIE UND ANPASSUNGEN

Der Sumatra-Tiger, gemeinhin als Panthera tigris sumatrae bekannt, ist ein rätselhaftes und faszinierendes Tier in der Welt der Großkatzen. Mit seinen ausgeprägten körperlichen Merkmalen und einzigartigen Anpassungen hat dieses majestätische Tier Wissenschaftler und Tierliebhaber gleichermaßen in seinen Bann gezogen. In diesem Abschnitt werden wir in die Tiefen ihrer Anatomie eintauchen und die bemerkenswerten Fähigkeiten erforschen, die sie in ihrem natürlichen Lebensraum zu einem furchterregenden Raubtier machen.

Um den Sumatra-Tiger wirklich zu verstehen, muss man seine körperlichen Eigenschaften betrachten. Als kleinste Unterart des Tigers verfügt er über einen schlanken und kompakten Körper, der auf optimale Beweglichkeit und Tarnung ausgelegt ist. Seine langen und muskulösen Gliedmaßen verleihen ihm bemerkenswerte Sprung- und Sprungfähigkeiten, die es ihm ermöglichen, sich schnell in seiner schwierigen Umgebung zu bewegen.

Man kann nicht über die Anatomie des Sumatra-Tigers sprechen, ohne sein Fell zu erwähnen, das eine entscheidende

Rolle für sein Überleben spielt. Das kurze und dichte Fell, das mit auffälligen rötlich-orangen und schwarzen Streifen verziert ist, bietet eine hervorragende Tarnung inmitten der dichten Vegetation der Regenwälder Sumatras. Dieses komplizierte Muster stört seine Silhouette und macht ihn für ahnungslose Beutetiere oder potenzielle Bedrohungen nahezu unsichtbar.

Die Anpassungsfähigkeit des Sumatra-Tigers geht über seinen Körperbau hinaus. Die Evolution hat dieses Spitzenraubtier mit einer Reihe von Anpassungen ausgestattet, die seine Fähigkeiten beim Jagen und Überleben verbessern. Eines der beeindruckendsten Merkmale ist seine immense Kraft. Mit seinem muskulösen Körperbau ist der Sumatra-Tiger in der Lage, Beutetiere zu überwältigen, die ihn um ein Vielfaches überragen. Dank dieser gewaltigen Kraft kann er größere Tiere wie Hirsche, Wildschweine und sogar junge Elefanten erlegen und sich in der Wildnis behaupten.

Neben seiner Stärke hat der Sumatra-Tiger auch seine Tarnfähigkeit nahezu perfektioniert. Jede Bewegung wird mit Präzision und Finesse ausgeführt, so dass er sich seiner Beute unbemerkt nähern kann. Seine gepolsterten Pfoten ermöglichen ein lautloses Anschleichen, so dass kein Geräusch seine Anwesenheit verrät. Zusammen mit seinem gut entwickelten Seh-, Hör- und Geruchssinn macht ihn dies zu einem furchterregenden Raubtier für den Hinterhalt.

Aber eine der faszinierendsten Anpassungen des Sumatra-Tigers liegt vielleicht in seinen sensorischen Fähigkeiten. Seine Augen, die durch vertikale Schlitze gekennzeichnet sind, bieten selbst bei schlechten Lichtverhältnissen ein außergewöhnliches Sehvermögen, was ihm bei nächtlichen Jagden einen Vorteil verschafft. Dank seines scharfen Gehörs kann er das kleinste Rascheln im Laub wahrnehmen, während sein Geruchssinn so ausgeprägt ist, dass er Gerüche aus beträchtlichen Entfernungen entschlüsseln kann, was ihm hilft, sein Revier zu markieren und potenzielle Partner zu finden.

Wenn wir die Anatomie und die Anpassungen des Sumatra-Tigers erforschen, beginnen wir, die Komplexität dieser großartigen Art zu entschlüsseln. Von der Geschmeidigkeit seines Körpers bis zur Komplexität seines Fells hat sich jeder Aspekt entwickelt, um sein Überleben und seine Vorherrschaft in diesem anspruchsvollen Ökosystem zu sichern. Der Sumatra-Tiger ist ein Beispiel für die Widerstandsfähigkeit und Anpassungsfähigkeit, die nur durch natürliche Selektion über Generationen hinweg erreicht werden kann.

Im zweiten Teil dieses Abschnitts werden wir uns eingehender mit der Sozialstruktur des Sumatra-Tigers, seinen einzigartigen Kommunikationsmethoden und seiner Rolle im empfindlichen Gleichgewicht des Ökosystems des Regenwaldes befassen. Diese rätselhafte Kreatur, die von Geheimnissen und Wundern umgeben ist, birgt noch viele weitere Überraschungen, die darauf warten, enthüllt zu werden. Lassen Sie uns gemeinsam auf eine Entdeckungsreise gehen und die Geheimnisse des Sumatra-Tigers lüften, indem wir die Anatomie und die Anpassungen des Sumatra-Tigers weiter erforschen und mehr über seine unglaublichen Fähigkeiten als Raubtier herausfinden. Neben seinen physischen Eigenschaften offenbart diese rätselhafte Kreatur eine komplexe Sozialstruktur, die für ihr Überleben in den üppigen Regenwäldern Sumatras unerlässlich ist.

Der Sumatra-Tiger ist ein einzelgängerisches und territoriales Tier, wobei jeder erwachsene Tiger ein ausgedehntes Gebiet bewohnt, das bis zu 25 Quadratkilometer groß sein kann. Innerhalb dieser Territorien markieren die Tiger ihre Anwesenheit durch Duftmarkierungen, vor allem durch das Besprühen von Bäumen und Büschen mit Urin. Dies dient der Kommunikation mit anderen Tigern, zeigt den Besitz an und schreckt Eindringlinge ab. Diese deutlichen Duftmarkierungen schaffen ein Informationsnetz, das es den Tigern ermöglicht, die Grenzen und Positionen ihrer Artgenossen zu erkennen, ohne ihnen direkt zu begegnen.

Obwohl Sumatra-Tiger überwiegend Einzelgänger sind, nehmen sie zu bestimmten Zeiten, insbesondere während der Paarungszeit, an sozialen Interaktionen teil. Vor allem die männlichen Tiger spielen eine wichtige Rolle bei der Aufrechterhaltung einer stabilen Population, indem sie nach potenziellen Partnern suchen und ihre Dominanz durch Lautäußerungen und die Zurschaustellung ihrer beeindruckenden Größe und Stärke demonstrieren. Während der Paarungszeit können das Männchen und das Weibchen mehrere Tage zusammen verbringen, umherstreifen und sich aneinander binden, bevor sich ihre Wege trennen, sobald die Paarung stattgefunden hat.

Die Bindung zwischen einem Tigerweibchen und ihren Jungen ist ein Beweis für die fürsorgliche Natur dieses majestätischen Wesens. Nach einer Tragezeit von etwa 103 Tagen bringt das Weibchen einen Wurf von zwei bis drei Jungtieren zur Welt. Sie bietet ihnen in einer sorgfältig ausgewählten Höhle, die vor potenziellen Bedrohungen versteckt ist, die nötige Pflege und Schutz. Die Jungtiere werden blind und verletzlich geboren und sind zum Überleben ganz auf ihre Mutter angewiesen. Während sie heranwachsen, vermittelt sie ihnen wichtige Jagdfähigkeiten und lehrt sie die Wege des Regenwaldes, um sie auf ihr zukünftiges unabhängiges Leben vorzubereiten.

Die Kommunikation zwischen Sumatra-Tigern geht über den physischen Bereich hinaus. Sie verfügen über eine Reihe von Lautäußerungen, um verschiedene Botschaften zu übermitteln. Tiefes Knurren und einschüchterndes Brüllen werden zur Warnung, zur Behauptung von Dominanz und zur Einschüchterung potenzieller Rivalen eingesetzt, während ein leiseres Schnaufen friedliche Absichten signalisieren oder als Form der Begrüßung verwendet werden kann. Jeder Tiger hat eine einzigartige stimmliche Signatur, die es den Tieren ermöglicht, sich gegenseitig zu erkennen und unnötige Konfrontationen zu vermeiden.

Die Rolle des Sumatra-Tigers im empfindlichen Gleichgewicht des Ökosystems des Regenwaldes kann gar nicht hoch genug eingeschätzt werden. Als Spitzenprädator spielt er eine entscheidende Rolle bei der Regulierung der

Population von Pflanzenfressern und trägt zur allgemeinen Gesundheit des Lebensraums bei. Indem er Huftiere wie Hirsche und Wildschweine erbeutet, trägt der Tiger dazu bei, eine Überweidung zu verhindern, die sich nachteilig auf die Vegetation und andere Arten auswirken kann.

Die Erhaltung des Sumatra-Tigers bleibt jedoch ein dringendes Anliegen. Die rasche Abholzung der Wälder, die Wilderei und das Eindringen des Menschen in seinen Lebensraum haben seinen Bestand erheblich verringert. Derzeit werden Anstrengungen unternommen, um den Lebensraum des Tigers zu schützen und wiederherzustellen, die Maßnahmen zur Bekämpfung der Wilderei zu verstärken und das Bewusstsein für die Bedeutung des Schutzes dieser ikonischen Tierart zu schärfen.

Zum Abschluss unserer Reise durch die Geheimnisse der Anatomie und Anpassungen des Sumatra-Tigers gewinnen wir ein tiefes Verständnis für das komplexe und empfindliche Netz, das seine Existenz ermöglicht. Von seinen körperlichen Fähigkeiten bis hin zu seiner komplizierten sozialen Dynamik ist der Sumatra-Tiger ein wahres Zeugnis für die Wunder der Natur. Setzen wir uns für die Erhaltung und den Schutz dieser großartigen Kreatur ein, damit sie auch in Zukunft einen festen Platz in der Artenvielfalt unseres Planeten hat.

ABSCHNITT 3: LEBENSRAUM UND VERBREITUNGSGEBIET

E ntdecken Sie die vielfältigen Landschaften, in denen Sumatra-Tiger zu Hause sind, und erfahren Sie, welche entscheidende Rolle diese Lebensräume für das Überleben der Art spielen.

Der Sumatra-Tiger, bekannt als Panthera tigris sumatrae, ist eine majestätische Kreatur, die die dichten und vielfältigen Landschaften der indonesischen Insel Sumatra durchstreift. Mit seinen markanten Streifen und seiner kraftvollen Präsenz regt diese vom Aussterben bedrohte Unterart des Tigers die Phantasie von Forschern und Naturliebhabern gleichermaßen an. Um die Kämpfe und Triumphe des Sumatra-Tigers wirklich zu verstehen, muss man sich mit seinem Lebensraum und seinem Verbreitungsgebiet befassen, denn in diesen Gebieten entfalten sich die Geheimnisse seines Überlebens.

Sumatra, die sechstgrößte Insel der Welt, verfügt über eine unglaubliche Vielfalt an Ökosystemen, darunter unberührte Regenwälder, üppige Sümpfe, hoch aufragende Berge und ausgedehnte Torfgebiete. In diesen Regionen liegen die Reviere des Sumatra-Tigers, die jeweils einzigartige Merkmale und Ressourcen beherbergen, die für seine Existenz entscheidend sind. Diese unterschiedlichen Lebensräume haben die evolutionären Anpassungen dieser bemerkenswerten Raubtiere geprägt, die es ihnen ermöglichen, sich in einigen der schwierigsten Umgebungen der Erde zurechtzufinden und zu gedeihen.

Tief im Herzen Sumatras bieten die ausgedehnten tropischen Regenwälder einen wichtigen Zufluchtsort für den Sumatra-Tiger. Diese dichten Wälder sind reich an Artenvielfalt und beherbergen eine Vielzahl von Beutetieren wie Sambarhirsche, Wildschweine und Tapire, die die Hauptnahrungsquelle für diese prächtigen Raubkatzen darstellen. Die hoch aufragenden Bäume bilden einen Baldachin, der das Sonnenlicht filtert und eine bezaubernde Welt unter sich entstehen lässt, in der Tarnung und Täuschung an erster Stelle stehen. Inmitten dieses grünen Labyrinths beweist der Sumatra-Tiger sein Können als Meister der Tarnung, indem er sich lautlos an seine Beute heranpirscht, bevor er mit unvergleichlicher Präzision in Aktion tritt.

Jenseits der Regenwälder locken die Bergregionen Sumatras mit atemberaubenden Aussichten und anspruchsvollem Terrain. Hier, in den zerklüfteten Gipfeln und steilen Hängen, zeigt der Sumatra-Tiger seine Anpassungsfähigkeit und Stärke. Die Bewältigung dieser gewaltigen Landschaften mit Höhen von über 12.000 Fuß erfordert Beweglichkeit und ein tiefes Verständnis für die Umwelt. Die Raubkatze navigiert durch dichtes Unterholz, springt über Felsspalten und schlängelt sich durch das riesige Netz von Bächen und Flüssen, um sich als unerschrockener Herrscher der Berge zu etablieren.

Wenn wir uns weiter vorwagen, stoßen wir auf die geheimnisvollen Torfgebiete, riesige Flächen mit wassergesättigten, sauren Böden, die unvorstellbare Geheimnisse bergen. Diese einzigartigen Ökosysteme liefern unschätzbare Ressourcen für den Sumatra-Tiger und sind außerdem wichtige Kohlenstoffsenken für den Planeten. Wasserwege durchziehen die Torfgebiete wie Adern und schaffen ein verborgenes Netzwerk des Lebens. In diesen Feuchtgebieten durchquert der Sumatra-Tiger geschickt das schwierige Terrain, seine großen Pfoten und starken Gliedmaßen erleichtern ihm die Bewegung durch das sumpfige Gelände. Hier, inmitten des hoch aufragenden Schilfs und der Schwimmpflanzen, zeigt der Tiger seine Anpassungsfähigkeit, indem er mühelos von einem Fleck festen Bodens zu einem anderen schwimmt – ein wahrer Beweis für seine Widerstandsfähigkeit.

Wenn wir die Geheimnisse des Lebensraums und des Verbreitungsgebiets des Sumatra-Tigers lüften, erhalten wir Einblick in die tiefgreifenden Zusammenhänge zwischen der Art und ihrer Umwelt. Die vielfältigen Landschaften Sumatras beherbergen das Wesen dieser großartigen Kreatur und prägen ihr Verhalten, ihre Anpassungen und letztlich ihr Überleben. Diese Lebensräume sind jedoch zahlreichen Bedrohungen ausgesetzt, die die Zukunft sowohl der Art als auch ihres wilden Reiches gefährden.

Rücksichtslose Abholzung, illegale Wilderei und die Zerstückelung des Lebensraums werfen einen bedrohlichen Schatten auf das Reich des Sumatra-Tigers. Die zweite Hälfte dieser Sektion wird sich mit diesen drängenden Problemen befassen und die Kämpfe dieser ikonischen Raubtiere beleuchten. Bereiten Sie sich darauf vor, in eine Geschichte des Überlebens und der Hoffnung einzutauchen, während wir uns den Herausforderungen stellen, die die Zukunft des Sumatra-Tigers gefährden, und den laufenden Kampf zur Sicherung seines Lebensraums aufdecken. Doch lassen wir die Geheimnisse des Sumatra-Tigers erst einmal in der Luft hängen und wagen wir uns in die Dunkelheit, die uns erwartet.Mit jedem Jahr, das vergeht, werden die Herausforderungen für den Sumatra-Tiger und seinen Lebensraum größer. Die Zukunft dieses majestätischen Tieres steht auf dem Spiel, da der Mensch immer weiter in die Waldlandschaften Sumatras eindringt. In dieser zweiten Hälfte des Abschnitts werden wir uns eingehender mit den Bedrohungen für das Überleben des Sumatra-Tigers und den unermüdlichen Bemühungen zum Schutz seines Lebensraums befassen.

Eines der größten Probleme für den Sumatra-Tiger ist die Abholzung der Wälder. Der groß angelegte kommerzielle Holzeinschlag, der von der Nachfrage nach Holz angetrieben wird, hat einen rücksichtslosen Angriff auf die Wälder von Sumatra unternommen. Weite Teile des unberührten Lebensraums wurden abgeholzt und hinterließen zersplitterte Flecken, die keine gesunden Wildtierpopulationen mehr beherbergen können. Durch das Fällen von Bäumen werden Lebensräume zerstört, und die Komplexität des Ökosystems Wald beginnt sich zu entwirren.

Darüber hinaus hat die Ausweitung von Plantagen, insbesondere für die Palmölproduktion, zu einer weiteren Zerstörung kritischer Tigerlebensräume geführt. Diese Monokultur-Plantagen, in denen es oft keine unterschiedlichen Pflanzen- und Tierarten gibt, bieten dem Sumatra-Tiger nur wenig Zuflucht. Mit dem Verschwinden ihres natürlichen Lebensraums werden die Tiger in kleinere und zunehmend isolierte Gebiete gedrängt, was zu genetischen Engpässen führt und ihre Fähigkeit zur Anpassung an sich verändernde Umgebungen einschränkt, was letztlich ihr langfristiges

Überleben gefährdet.

Zur Abholzung der Wälder gesellt sich das alarmierende Problem der illegalen Wilderei. Wilderer haben es auf den Sumatra-Tiger wegen seiner wertvollen Körperteile abgesehen, die auf dem Schwarzmarkt gehandelt werden. Die Nachfrage nach Tigerknochen, -haut und -organen, die durch traditionelle medizinische Praktiken und den illegalen Handel mit Wildtieren angetrieben wird, treibt die unerbittliche Jagd auf diese prächtigen Kreaturen an. Bedauerlicherweise werden die Bemühungen zur Bekämpfung der Wilderei oft durch begrenzte Ressourcen und die großen Gebiete, die patrouilliert werden müssen, behindert.

Der Rückgang der Population von Sumatra-Tigern hat eine weitere schwerwiegende Folge: den Verlust des ökologischen Gleichgewichts. Diese Spitzenraubtiere spielen eine entscheidende Rolle bei der Aufrechterhaltung der Harmonie der Ökosysteme, in denen sie leben. Indem er die Populationen von Beutetieren kontrolliert, trägt der Sumatra-Tiger dazu bei, das empfindliche Gleichgewicht des Nahrungsnetzes zu regulieren. In seiner Abwesenheit können Pflanzenfresser die Vegetation überfressen, was zu einer Verschlechterung des Lebensraums und zu einem Dominoeffekt führt, der sich auf unzählige andere Arten auswirkt.

Angesichts dieser gewaltigen Herausforderungen arbeiten mutige Einzelpersonen und Organisationen unermüdlich daran, den Sumatra-Tiger zu erhalten und seinen Lebensraum zu schützen. Naturschutzinitiativen setzen sich für die Bekämpfung der Abholzung, die Einrichtung von Schutzgebieten und die Minimierung von Konflikten zwischen Tigern und Menschen ein. Zu diesen Initiativen gehört auch die Sensibilisierung der lokalen Gemeinschaften für die Bedeutung des Naturschutzes und die Entwicklung alternativer Strategien für eine nachhaltige Entwicklung.

Darüber hinaus sind internationale Kooperationen und Partnerschaften von entscheidender Bedeutung, um die vielschichtigen Probleme anzugehen, die den Sumatra-Tiger bedrohen. Wissenschaftler, Naturschützer und Regierungen schließen sich zusammen, um seinen Lebensraum zu schützen und sich für strengere Gesetze gegen illegale Wilderei und Wildtierhandel einzusetzen. Durch diese gemeinsamen Bemühungen besteht die Hoffnung, dass das Gleichgewicht wiederhergestellt werden kann und der Sumatra-Tiger wieder gedeihen kann.

Zum Abschluss dieses Abschnitts über den Lebensraum und das Verbreitungsgebiet des Sumatra-Tigers werden wir mit der erschreckenden Realität der vor uns liegenden Herausforderungen konfrontiert. Das Schicksal dieser ikonischen Spezies liegt nicht nur in den Händen von Naturschützern, sondern auch in den Entscheidungen, die wir als Individuen, als Gesellschaften und als Hüter der natürlichen Welt treffen. Das Überleben des Sumatra-Tigers hängt von unserer Fähigkeit ab, die Dringlichkeit seiner Notlage zu erkennen und Maßnahmen zum Schutz seines Lebensraums zu ergreifen, denn mit dem Schutz dieser Lebensräume schützen wir auch das Wesen unseres Planeten selbst.

Denken wir über die Folgen unseres Handelns nach und überlegen wir, welches Vermächtnis wir künftigen Generationen hinterlassen wollen. Das Schicksal des Sumatra-Tigers steht auf Messers Schneide, und es liegt an uns, die Geheimnisse seines Überlebens zu lüften und für eine Zukunft zu sorgen, die vom lauten Brüllen dieses majestätischen Tieres erfüllt ist.

ABSCHNITT 4: VERHALTEN UND KOMMUNIKATION

Die Entschlüsselung der komplexen sozialen Verhaltensweisen und Kommunikationsmethoden von Sumatra-Tigern wirft ein Licht auf ihr einsames und doch vernetztes Leben. Diese prächtigen Tiere verfügen über ein tiefes Verständnis ihrer Umgebung und nutzen eine Reihe von Verhaltensweisen und Kommunikationstechniken, um sich in ihrer Umgebung zurechtzufinden und ihren Platz im komplizierten Netz des Lebens zu finden.

Das Verhalten spielt eine entscheidende Rolle für das Überleben und den Erfolg des Sumatra-Tigers. Auf den ersten Blick scheinen diese schwer fassbaren Raubtiere Einzelgänger zu sein, doch hinter ihrem einsamen Wesen verbirgt sich eine faszinierende Sozialstruktur. Obwohl der Sumatra-Tiger in erster Linie ein Einzelgänger ist, zeigt er faszinierende soziale Interaktionen, die sein Leben prägen.

Ein bemerkenswertes Verhalten von Sumatra-Tigern ist ihr Territorialverhalten. Diese majestätischen Raubkatzen beherrschen riesige Territorien und verteidigen ihre Domäne mit unerbittlicher Entschlossenheit. Durch Territorialmarkierungen, wie Duftmarkierungen mit Urin,

Kot und Kratzspuren an Bäumen, zeigen Sumatra-Tiger ihre Anwesenheit und machen ihren Besitzanspruch geltend. Das komplizierte Netz von Reviergrenzen sorgt für minimale Interaktionen zwischen den Individuen, wodurch Konflikte um Ressourcen reduziert und stabile Populationen ermöglicht werden.

Dennoch überschneiden sich die Reviere von Sumatra-Tigern gelegentlich, was zu spannenden Begegnungen führt. Wenn sich zwei Individuen an den Rändern ihrer Reviere befinden, ist die Grenze zwischen Aggression und Neugierde fließend. Erstaunlicherweise kommt es bei diesen Begegnungen oft zu minimaler Feindseligkeit, da die Tiger die Größe, die Stärke und das Verhalten des jeweils anderen einschätzen. Diese vorsichtige Interaktion, die als "Grenzpatrouille" bezeichnet wird, kann Aufschluss über potenzielle Partner oder Rivalen um die Vorherrschaft geben. Der Ausgang dieser Begegnungen hängt weitgehend von den Verhaltenssignalen der Tiger und der Intensität des Wettbewerbs um Ressourcen ab.

Neben dem Territorialverhalten spielt die Kommunikation eine wesentliche Rolle im Leben der Sumatra-Tiger. Lautäußerungen und Körpersprache dienen als wichtige Instrumente, um ihre Absichten und Gefühle auszudrücken. Das tiefe, widerhallende Brüllen eines Sumatra-Tigers hallt durch die dichten Wälder und vermittelt potenziellen Eindringlingen und Rivalen Stärke, Macht und Revierbesitz. Jeder Tiger verfügt über ein einzigartiges Brüllen, mit dem er sich von seinen Nachbarn unterscheiden lässt. Diese Laute helfen auch dabei, während der Brutzeit potenzielle Partner anzulocken, da die weiblichen Tiger auf die klangvollen Rufe interessierter Verehrer reagieren.

Neben den Lautäußerungen ist auch die Körpersprache der Sumatra-Tiger sehr aufschlussreich. Ihr Schwanz, ihre Ohren und ihr Gesichtsausdruck vermitteln eine Fülle von Informationen über ihre Stimmung und Absichten. Ein aufgerichteter Schwanz signalisiert Aggression oder Wachsamkeit, während ein entspannter Schwanz ein ruhiges und selbstbewusstes Verhalten widerspiegelt. Ebenso signalisieren nach vorne gerichtete Ohren Aufmerksamkeit, während abgeflachte Ohren Aggression oder eine defensive Haltung signalisieren. Neben diesen visuellen Hinweisen geben auch Gesichtsausdrücke wie gefletschte Zähne oder zusammengekniffene Augen Aufschluss über den emotionalen Zustand der Tiere.

Interessanterweise verwenden Sumatra-Tiger auch eine einzigartige Form der Kommunikation, die als "olfaktorische Botschaften" bekannt ist. Durch Duftmarkierungen und die Verwendung von Geruchssignalen hinterlassen sie unsichtbare Botschaften, die andere Tiger entziffern können. Wenn sich ihre Wege kreuzen, interpretieren die Tiere diese Duftspuren und erhalten so Informationen über die Identität, den Fortpflanzungsstatus oder sogar über die jüngsten Aktivitäten des anderen. Dieses komplizierte Geruchsnetzwerk verbessert ihr Verständnis für die soziale Dynamik in ihrer Umgebung und verbindet sie mit ihrem einsamen und doch vernetzten Leben.

Je tiefer wir in das Verhalten und die Kommunikation von Sumatra-Tigern eindringen, desto mehr enthüllt sich die geheimnisvolle Welt, in der sie leben. Ihr einsames und doch vernetztes Leben ist ein Beweis für ihre Anpassungsfähigkeit und Widerstandsfähigkeit gegenüber den Herausforderungen der Umwelt. Das Verständnis ihres Sozialverhaltens und ihrer Kommunikationsmethoden wirft nicht nur ein Licht auf ihre Existenz, sondern verdeutlicht auch die Notwendigkeit von Schutzmaßnahmen, um ihr Überleben zu sichern.

Je weiter wir das Verhalten und die Kommunikation von Sumatra-Tigern erforschen, desto mehr faszinierende Aspekte ihres einsamen und doch vernetzten Lebens entdecken wir. Die Geheimnisse ihrer Existenz werden weiter gelüftet und offenbaren die Anpassungsfähigkeit und Widerstandsfähigkeit dieser majestätischen Kreaturen angesichts der Herausforderungen der Umwelt. Das Verständnis der komplizierten sozialen Dynamik von Sumatra-Tigern wirft nicht nur ein Licht auf ihre Existenz, sondern unterstreicht auch die Dringlichkeit von Schutzmaßnahmen, um ihr Überleben zu sichern.

Innerhalb des komplexen Rahmens ihrer einsamen Lebensweise zeigen Sumatra-Tiger faszinierende soziale Interaktionen, insbesondere während der Brutzeit, wenn sich ihre Wege kreuzen. Diese Begegnungen sind wertvolle Gelegenheiten für potenzielle Partner, sich zu verbinden und fortzupflanzen, um das Überleben ihrer Art zu sichern. Wenn sich ein männlicher und ein weiblicher Tiger begegnen, sind ihr Verhalten und ihre Kommunikation entscheidend für den Aufbau einer Beziehung.

Zu den Paarungsritualen von Sumatra-Tigern gehören häufig Balzverhalten und Lautäußerungen. Das Männchen kann eine Reihe von Verhaltensweisen an den Tag legen, um die Aufmerksamkeit des Weibchens auf sich zu ziehen, vom Reiben an Bäumen bis hin zu Verspieltheit und Beweglichkeit. Diese Handlungen vermitteln die Stärke, Vitalität und Eignung des Männchens als potenzieller Partner. Darüber hinaus spielt der Gesang eine entscheidende Rolle beim Anlocken der Weibchen, wobei ein lautes Gebrüll durch den Wald hallt, um ihre Aufmerksamkeit zu erregen. Das Weibchen wiederum kann mit Lautäußerungen und einer verlockenden Körpersprache reagieren, um ihr Interesse und ihre Aufnahmebereitschaft zu signalisieren.

Sobald eine Verbindung hergestellt ist, kann das Paar einen delikaten Balztanz vollführen, bevor es zur Paarung kommt. Während dieser Zeit wird ihre Körpersprache noch bedeutsamer. Das Männchen kann seine Wange am Hals oder an der Flanke des Weibchens reiben, um seine Zugehörigkeit und Dominanz zu demonstrieren, während das Weibchen seine Empfänglichkeit zeigt, indem es seinen Schwanz und seinen Körper in eine aufnahmebereite Position bringt. Diese komplizierten Formen der nonverbalen Kommunikation vertiefen die Bindung zwischen potenziellen Partnern und gewährleisten einen erfolgreichen Fortpflanzungsprozess.

Nach der Paarung ist die Rolle des Männchens in der Regel

beendet, und das Weibchen begibt sich auf eine einsame Reise, um eine geeignete Höhle für die Geburt und Aufzucht ihrer Jungen zu finden. Die in dieser Zeit angewandten Kommunikationsmethoden spielen eine wichtige Rolle beim Schutz und bei der Aufzucht der nächsten Generation von Sumatra-Tigern.

Weibliche Sumatra-Tiger nutzen die Geruchsbotschaft, um ihre Jungen zu führen und mit anderen Individuen in der Umgebung zu kommunizieren. Indem sie strategisch Bäume und andere markante Punkte rund um ihren Bau mit Duftmarken versehen, hinterlassen sie unsichtbare Botschaften, die Informationen über die Anwesenheit ihrer Jungen vermitteln und potenzielle Eindringlinge warnen, sich fernzuhalten. Diese Geruchshinweise dienen der Mutter und ihrem verletzlichen Nachwuchs als Orientierungshilfe, um ihre Sicherheit zu gewährleisten und Konflikte zu minimieren.

In der Höhle kommuniziert die Mutter weiterhin mit ihren Jungen durch eine Reihe von Verhaltensweisen. Das Belecken und Putzen dient nicht nur der körperlichen Pflege, sondern ist auch ein Mittel der Kommunikation. Durch diese Handlungen überträgt die Mutter ihren Geruch auf die Jungen und prägt ihnen ihre einzigartige Identität ein. Diese Duftprägung hilft bei der Identifizierung, fördert die Bindung zwischen der Mutter und ihrem Nachwuchs und erleichtert die Wiedererkennung unter den Geschwistern.

Während die Jungtiere wachsen und ihre Umgebung erkunden, lernen sie von ihrer Mutter die Feinheiten der Kommunikation. Durch spielerische Interaktionen entwickeln sie wichtige Fähigkeiten und verstehen die Bedeutung von Lautäußerungen und Körpersprache, um ihre Absichten und Gefühle auszudrücken. Auf diese Weise wird der Kreislauf der Kommunikation aufrechterhalten und das Überleben und der Erfolg künftiger Generationen von Sumatra-Tigern sichergestellt.

Die Entschlüsselung des komplexen Sozialverhaltens und der Kommunikationsmethoden von Sumatra-Tigern bietet einen tiefen Einblick in ihr einsames und doch vernetztes Leben. Mit jeder neuen Entdeckung gewinnen wir ein tieferes Verständnis für ihre Widerstandsfähigkeit und Anpassungsfähigkeit beim Navigieren in ihrer Umwelt. Durch das Verständnis dieser bemerkenswerten Kreaturen erkennen wir die dringende Notwendigkeit von Schutzmaßnahmen, um ihren Lebensraum zu schützen und ihren Fortbestand zu sichern.

Im nächsten Abschnitt werden wir das empfindliche Gleichgewicht zwischen Sumatra-Tigern und ihrem empfindlichen Ökosystem erforschen und beleuchten, wie ihr Verhalten und ihre Kommunikation mit der natürlichen Welt, in der sie gedeihen, verflochten sind. Aber jetzt genießen wir erst einmal die Ehrfurcht einflößenden Feinheiten ihrer Existenz und staunen über den großen Teppich des Lebens, dessen Teil sie sind.

ABSCHNITT 5: ERHALTUNGSMASSNAHMEN UND DIE ZUKUNFT

Der Sumatra-Tiger, eine rätselhafte und majestätische Kreatur, steht als Symbol für die wilde und ungezähmte Schönheit, die im dichten Dschungel von Sumatra zu Hause ist. Das Überleben dieser ikonischen Großkatze steht jedoch auf dem Spiel, da sie in einer sich rasch verändernden Welt einer noch nie dagewesenen Bedrohung ausgesetzt ist.

Um den Sumatra-Tiger zu schützen und seinen Fortbestand zu sichern, wurden Schutzmaßnahmen ergriffen. Diese Bemühungen umfassen eine breite Palette von Strategien, die von der Einrichtung von Schutzgebieten bis hin zur Umsetzung rigoroser Maßnahmen zur Bekämpfung der Wilderei reichen. Eine der wichtigsten Organisationen, die in diesem Kampf an vorderster Front steht, ist die Sumatra Tiger Conservation Foundation (STCF), ein engagiertes Team, das sich für den Schutz und die Erhaltung dieser stark bedrohten Art einsetzt.

Die STCF konzentriert sich auf mehrere wichtige Aspekte, um die Zukunft des Sumatra-Tigers zu sichern. Erstens arbeitet die Stiftung an der Einrichtung und Verwaltung von Schutzgebieten in ganz Sumatra, die als Hochburgen für Tigerpopulationen dienen. Diese Schutzgebiete werden sorgfältig nach ihrer Bedeutung für die biologische Vielfalt und dem Potenzial für einen langfristigen Erhaltungserfolg ausgewählt. Durch den Schutz lebenswichtiger Lebensräume stellt die STCF sicher, dass die Tiger ausreichend Platz zum Umherstreifen, Jagen und Brüten haben.

Ein weiterer wichtiger Aspekt der Schutzbemühungen des STCF ist der Kampf gegen die illegale Wilderei, die nach wie vor eine der größten Bedrohungen für das Überleben des Sumatra-Tigers darstellt. Der illegale Wildtierhandel, der durch die unersättliche Nachfrage nach Tigerteilen und -derivaten angetrieben wird, stellt eine ständige Herausforderung für die Naturschützer dar. Der STCF beschäftigt ein engagiertes Patrouillenteam, das unermüdlich daran arbeitet, Wilderer zu fassen und die illegalen Netzwerke zu zerschlagen, die diesen illegalen Handel vorantreiben. Darüber hinaus arbeitet die Stiftung mit Strafverfolgungsbehörden und lokalen Gemeinden zusammen, um das Bewusstsein für die Problematik zu schärfen und die Durchsetzung der Gesetze zur Bekämpfung der Wilderei zu verbessern.

In den letzten Jahren hat der STCF auch die Bedeutung des Engagements der Gemeinden für die Gewährleistung der langfristigen Nachhaltigkeit der Schutzbemühungen hervorgehoben. Die Stiftung hat erkannt, dass das Schicksal des Sumatra-Tigers mit dem Lebensunterhalt der lokalen Gemeinschaften verflochten ist, und arbeitet eng mit ihnen zusammen, um ein Gefühl der Eigenverantwortung für die Erhaltung des Tigers zu fördern. Durch Bildungs- und Sensibilisierungsprogramme will die STCF die Menschen dazu inspirieren, wachsame Hüter ihres natürlichen Erbes zu werden und sich aktiv am Schutz der Wildtiere zu beteiligen.

Trotz dieser lobenswerten Bemühungen bleibt die Zukunft des Sumatra-Tigers jedoch ungewiss. Die Herausforderungen, mit denen diese großartigen Tiere konfrontiert sind, sind vielschichtig und komplex. Die rasche Abholzung der Wälder, die Ausdehnung der landwirtschaftlichen Flächen und die Palmölplantagen zerstören weiterhin wichtige Lebensräume der Tiger. Durch die Zerstückelung der verbleibenden Waldgebiete werden die Tigerpopulationen weiter isoliert, was zu einem Rückgang der genetischen Vielfalt und einer erhöhten Anfälligkeit für Krankheiten führt.

Außerdem stellt der Klimawandel eine zusätzliche Bedrohung für das Überleben des Sumatra-Tigers dar. Steigende Temperaturen und veränderte Niederschlagsmuster tragen zur Verschlechterung des Lebensraums bei und beeinträchtigen die Verfügbarkeit von Beutetieren, was die Tiger zwingt, auf der Suche nach Nahrung in vom Menschen dominierte Landschaften vorzudringen. Dieser zunehmende Konflikt zwischen Mensch und Tiger gefährdet nicht nur die Tiger, sondern stellt auch eine Gefahr für die lokalen Gemeinschaften dar.

Wenn wir über die ungewisse Zukunft des Sumatra-Tigers nachdenken, müssen wir die Dringlichkeit der Situation anerkennen. Die gemeinsamen Anstrengungen von Naturschutzorganisationen, Regierungen, lokalen Gemeinschaften und Einzelpersonen sind von entscheidender Bedeutung, um den Rückgang dieser großartigen Art aufzuhalten. Nur durch gemeinschaftliche und ganzheitliche Ansätze können wir hoffen, die Geheimnisse um den Sumatra-Tiger zu lüften und seinen Platz im künftigen ökologischen Gefüge Sumatras zu sichern.

Die Bemühungen um den Schutz des Sumatra-Tigers sind weit gediehen, aber es bleibt noch viel zu tun. Neben der Abholzung der Wälder, der Fragmentierung seines Lebensraums und dem Klimawandel ist der Sumatra-Tiger auch einer ständigen Bedrohung durch den illegalen Wildtierhandel ausgesetzt. Trotz strenger Vorschriften und internationaler Abkommen, die den Handel mit Tigerteilen verbieten, ist die Nachfrage nach Knochen, Haut und anderen Körperteilen des Tigers in einigen Teilen der Welt weiterhin hoch. Dieser lukrative Markt heizt die Wilderei an und gefährdet das

Überleben dieser prächtigen Tiere weiter.

Um dieser anhaltenden Bedrohung zu begegnen, arbeitet die Sumatra-Tiger-Schutzstiftung (STCF) aktiv mit den Strafverfolgungsbehörden auf lokaler und internationaler Ebene zusammen. Die Stiftung arbeitet unermüdlich daran, die Bemühungen zur Bekämpfung des illegalen Wildtierhandels zu verstärken, indem sie Informationen sammelt, das Bewusstsein schärft und die Durchsetzung der Gesetze unterstützt. Durch die Verfolgung von Schlüsselpersonen und die Zerschlagung krimineller Netzwerke, die in den Handel verwickelt sind, will die Stiftung die Lieferkette unterbrechen und den Sumatra-Tiger letztlich davor schützen, der Wilderei zum Opfer zu fallen.

Der Kampf gegen den illegalen Handel mit Wildtieren ist jedoch nicht unproblematisch. Die Schmugglernetze sind kompliziert und erstrecken sich oft über mehrere Länder, was es schwierig macht, die Hauptakteure zu fassen. Außerdem stellen Korruption und unzureichende Strafverfolgung nach wie vor erhebliche Hindernisse im Kampf gegen die Wilderei dar. Der STCF erkennt die Notwendigkeit einer kontinuierlichen Zusammenarbeit zwischen Regierungen, Naturschutzorganisationen und internationalen Gremien an, um diese Probleme wirksam anzugehen.

In den letzten Jahren hat der STCF seine Bemühungen um die Einbeziehung der lokalen Gemeinschaften in Naturschutzinitiativen intensiviert. Die Stiftung hat erkannt, dass ein nachhaltiger Schutz der Tiger ohne die Beteiligung der Gemeinden nicht möglich ist, und hat daher Programme zur Förderung alternativer Lebensgrundlagen wie Ökotourismus und Agroforstwirtschaft eingeführt. Durch die Schaffung wirtschaftlicher Anreize für die lokalen Gemeinschaften will die STCF deren Abhängigkeit von Aktivitäten verringern, die den Tigerpopulationen und ihren Lebensräumen schaden können. Auf diese Weise befähigt die Stiftung die Gemeinden, ihr natürliches Erbe zu bewahren und sich aktiv an den Schutzmaßnahmen zu beteiligen.

Bildung und Bewusstseinsbildung sind ebenfalls wichtige

Bestandteile der Bemühungen des STCF um ein Engagement in den Gemeinden. Indem die Stiftung den Menschen Wissen über die Bedeutung des Schutzes des Sumatra-Tigers vermittelt, fördert sie ein Gefühl der Eigenverantwortung für den Schutz des Tigers. Durch Workshops, Schulprogramme und Öffentlichkeitsarbeit will der STCF eine tiefe Wertschätzung für den Sumatra-Tiger und seine Rolle bei der Aufrechterhaltung des ökologischen Gleichgewichts in der Region vermitteln.

Die Bemühungen des STCF und anderer Organisationen haben zwar erhebliche Fortschritte bei der Sicherung der Zukunft des Sumatra-Tigers gemacht, aber der Weg, der vor uns liegt, ist schwierig. Die Bedrohungen, denen diese majestätischen Tiere ausgesetzt sind, sind miteinander verknüpft und erfordern einen ganzheitlichen Ansatz für einen wirksamen Schutz. Die Zusammenarbeit zwischen Regierungen, Naturschutzorganisationen, lokalen Gemeinschaften und Einzelpersonen ist von entscheidender Bedeutung, um die vielschichtigen Herausforderungen zu bewältigen und eine nachhaltige Zukunft für den Sumatra-Tiger zu schaffen.

Abschließend lässt sich sagen, dass das Schicksal des Sumatra-Tigers in der Schwebe hängt. Schutzinitiativen wie die des STCF haben lobenswerte Fortschritte beim Schutz dieser vom Aussterben bedrohten Art gemacht. Die Herausforderungen, die sich aus der Abholzung der Wälder, dem Klimawandel und dem illegalen Handel mit Wildtieren ergeben, erfordern jedoch anhaltende Anstrengungen und gemeinsames Handeln. Wenn wir zusammenarbeiten, können wir die Geheimnisse um den Sumatra-Tiger lüften, seinen Platz in der Zukunft sichern und den Erhalt seiner ungezähmten Schönheit für kommende Generationen gewährleisten. Das Überleben des Sumatra-Tigers ist nicht nur eine Frage des Naturschutzes, sondern auch ein Beweis für unser Engagement für die Erhaltung der Naturwunder der Erde.

KAPITEL 7: DER SÜDCHINESISCHE TIGER

ABSCHNITT 1: DER SÜDCHINESISCHE TIGER - EIN VERSCHWINDENDES MYSTERIUM

Der Südchinesische Tiger, einst ein Symbol für Kraft und Eleganz, steht heute am Rande der Ausrottung. Seine bewegte Geschichte und seine einzigartigen Eigenschaften haben die Welt in ihren Bann gezogen, aber sein derzeitiger Niedergang erfordert sofortige Aufmerksamkeit. Diese Sektion versucht, die Geheimnisse dieses rätselhaften Tieres zu lüften, indem sie seine Vergangenheit, seine Eigenschaften und die Herausforderungen, denen er sich heute stellen muss, beleuchtet.

Um die Notlage des Südchinesischen Tigers wirklich zu verstehen, müssen wir uns auf eine Zeitreise begeben. Der Südchinesische Tiger ist die älteste aller Tigerunterarten und bewohnte über Jahrtausende weite Gebiete Chinas. In der chinesischen Kultur wurde diese majestätische Raubkatze als Herrscher des Waldes verehrt und verkörperte Anmut,

Stärke und Schönheit. In Geschichten und Folklore wurde der Südchinesische Tiger oft als Fabelwesen dargestellt, das mit seinem leuchtend orangefarbenen Fell und seinen prächtigen Streifen die Fantasie von Generationen beflügelte.

Unsere Begeisterung für diese faszinierende Kreatur verdeckt jedoch eine harte Realität. Heute gilt der Südchinesische Tiger als eines der am stärksten bedrohten Tiere der Welt. Die intensive Bejagung, der Verlust von Lebensraum und die Verknappung der Beute haben diese Unterart an den Rand des Aussterbens gebracht. Die letzte bestätigte Sichtung eines wilden Südchinesischen Tigers liegt mehr als vier Jahrzehnte zurück. Sein Rückgang war schnell und verheerend, so dass wir dringend versuchen müssen, die Geheimnisse seines Verschwindens zu lüften.

Der Südchinesische Tiger unterscheidet sich durch besondere Merkmale von seinen Tigerverwandten. Er war für seinen robusten Körperbau bekannt, wobei die Männchen vom Kopf bis zum Schwanz bis zu drei Meter lang wurden und bis zu 400 Pfund wogen. Sein überwiegend orangefarbenes Fell mit schmalen schwarzen Streifen bot eine hervorragende Tarnung in seinen heimischen Lebensräumen wie Bambuswäldern, Buschland und Bergen. Im Gegensatz zu anderen Tigern besaß der Südchinesische Tiger einen schmaleren Schädel und kürzere Schnurrhaare, was zu einem etwas anderen Gesichtsausdruck führte.

Es sind jedoch nicht nur die körperlichen Merkmale, die diese Unterart einzigartig machen. Das Verhalten und die Gewohnheiten des Südchinesischen Tigers wurden an seine besondere Umgebung angepasst. Diese Tiger waren äußerst scheu und beherrschen die Kunst der Tarnung und Heimlichkeit. Sie besaßen die Fähigkeit, sich lautlos an ihre Beute heranzupirschen und im richtigen Moment ihre bemerkenswerte Beweglichkeit und Kraft einzusetzen. Ihre Nahrung bestand hauptsächlich aus Hirschen, Wildschweinen und anderen kleinen bis mittelgroßen Säugetieren, die in der Region reichlich vorhanden waren.

Leider haben die zunehmende Zerstückelung seiner natürlichen Lebensräume, die Wilderei für die traditionelle chinesische Medizin und der Mangel an Beutetieren zum Aussterben des Südchinesischen Tigers geführt. Die Bemühungen um den Erhalt dieser prächtigen Unterart stehen vor zahlreichen Herausforderungen. Der Mangel an verlässlichen Populationsdaten und die Schwierigkeit, den Südchinesischen Tiger von anderen Tigerunterarten zu unterscheiden, erschweren die Erhaltungsbemühungen und das Verständnis für seinen wahren Status. Es wurden Wiederansiedlungsprogramme und Initiativen zur Zucht in Gefangenschaft durchgeführt, aber der Erfolg war aufgrund des Mangels an genetischer Vielfalt und geeigneten Lebensräumen begrenzt.

Während wir uns mit den Feinheiten der Notlage des Südchinesischen Tigers befassen, beginnt ein Wettlauf mit der Zeit. Können wir den Widrigkeiten trotzen und eine Unterart wiederbeleben, die am Rande der Ausrottung steht? Unsere Reise hat gerade erst begonnen, und der Weg, der vor uns liegt, ist tückisch. Aber das Schicksal des Südchinesischen Tigers liegt in unseren Händen, und durch gemeinsame Anstrengungen und Entschlossenheit können wir dieses verschwindende Mysterium wieder zum Leben erwecken.

Die Faszination der Menschen für den Südchinesischen Tiger hat im Laufe der Geschichte zu zahlreichen Bemühungen um die Erhaltung und den Schutz dieses rätselhaften Tieres geführt. Naturschutzorganisationen, Forscher und Regierungen haben sich zusammengetan, um den Rückgang dieser majestätischen Raubkatze aufzuhalten. Auch wenn Fortschritte erzielt wurden, sind die Herausforderungen nach wie vor gewaltig.

Eines der größten Hindernisse bei den Bemühungen um den Schutz des Südchinesischen Tigers ist das begrenzte Wissen über seine aktuelle Population und Verbreitung. Da die letzte bestätigte Sichtung eines wild lebenden Individuums mehr als vier Jahrzehnte zurückliegt, ist es eine schwierige Aufgabe, genaue Daten über den Status des Tigers zu erhalten.

Durch den Einsatz von Kamerafallen und fortschrittlicher Verfolgungstechnologie konnten Forscher jedoch gelegentlich einen Blick auf diese schwer fassbaren Tiere erhaschen. Diese seltenen Sichtungen sind ein Hoffnungsschimmer und geben Anlass zu der Hoffnung, dass es in entlegenen Regionen noch Überlebende geben könnte.

Erschwerend kommt hinzu, dass die Unterscheidung des Südchinesischen Tigers von der eng mit ihm verwandten Tigerunterart vor allem für Laien äußerst schwierig sein kann. Die Ähnlichkeiten im äußeren Erscheinungsbild und in der genetischen Ausstattung machen es schwierig, diese Unterart in freier Wildbahn genau zu identifizieren. Um dieses Problem zu lösen, wurden Gentests zur Unterstützung des Identifizierungsprozesses eingesetzt. Durch die Analyse von DNA-Proben aus Kot, Haaren oder anderen biologischen Materialien können Wissenschaftler ein besseres Verständnis der Tigerpopulation und ihrer genetischen Vielfalt gewinnen.

Um zu verhindern, dass der Südchinesische Tiger in den Annalen der Geschichte verschwindet, haben Naturschutzorganisationen Initiativen zur Zucht in Gefangenschaft gestartet. Diese Programme zielen darauf ab, eine genetisch vielfältige Tigerpopulation in Gefangenschaft zu erhalten und gleichzeitig die Individuen auf eine mögliche zukünftige Wiederauswilderung vorzubereiten. Der Erfolg dieser Bemühungen ist jedoch begrenzt, da es schwierig ist, einen ausreichend vielfältigen Genpool zu erhalten und geeignete Lebensräume für eine mögliche Auswilderung zu schaffen.

Entscheidend für das Überleben des Südchinesischen Tigers ist der Schutz und die Wiederherstellung seines natürlichen Lebensraums. Das Vordringen menschlicher Aktivitäten wie Landwirtschaft und Bebauung hat die einst ausgedehnten Bambuswälder, Buschland und Berggipfel, die den Tigern als Heimat dienten, zerstückelt. Durch strenge Schutzmaßnahmen wie die Einrichtung von Schutzgebieten und Korridoren zwischen den fragmentierten Lebensräumen sowie durch

Wiederaufforstungsmaßnahmen besteht die Hoffnung, ein geeigneteres Ökosystem zu schaffen, in dem die Tiger wieder gedeihen können.

Darüber hinaus spielt die Sensibilisierung für die dramatische Situation des Südchinesischen Tigers eine wichtige Rolle, um Unterstützung für die Schutzbemühungen zu gewinnen. Aufklärungskampagnen, Dokumentarfilme und Öffentlichkeitsarbeit tragen dazu bei, die Notlage dieser stark bedrohten Unterart zu beleuchten. Durch die Förderung von Empathie und Verständnis in der Öffentlichkeit können verstärkte Anstrengungen zum Schutz des Tigers unternommen werden.

Zum Schutz des Südchinesischen Tigers gehört nicht nur die Bekämpfung der unmittelbaren Bedrohungen, denen er ausgesetzt ist, sondern auch die Förderung der Harmonie zwischen Menschen und Wildtieren. Die Förderung nachhaltiger Praktiken und alternativer Einkommensquellen für die lokalen Gemeinschaften kann den Druck auf den Lebensraum des Tigers mindern und die Wilderei reduzieren. Durch die Einbeziehung lokaler Interessengruppen in die Erhaltungsstrategien und ihre Befähigung, Hüter des Südchinesischen Tigers zu werden, besteht eine größere Chance, seine Zukunft zu sichern.

Zusammenfassend lässt sich sagen, dass der Südchinesische Tiger am Rande der Ausrottung steht und sein Schicksal in der Schwebe hängt. Auf dem tückischen Weg, der vor uns liegt, müssen wir die Dringlichkeit der Situation anerkennen und entschlossen handeln. Durch die Kombination von wissenschaftlicher Forschung, Schutzinitiativen, Wiederherstellung von Lebensräumen und der Beteiligung der Bevölkerung haben wir die Möglichkeit, dieses verschwindende Mysterium wiederzubeleben. Gemeinsam haben wir es in der Hand, eine Zukunft zu schaffen, in der der Südchinesische Tiger wieder frei umherstreift und die Anmut, Stärke und Schönheit verkörpert, die uns jahrhundertelang fasziniert haben. Das ist das Vermächtnis, das wir den kommenden Generationen hinterlassen können - eine Welt, in der die Wunder der Natur gefeiert und geschützt werden.

ABSCHNITT 2: LEBENSRAUMVERLUST - DIE STILLE BEDROHUNG

Der Südchinesische Tiger, einst ein Spitzenraubtier, das über die üppigen Wälder und Berge seines ursprünglichen Lebensraums herrschte, befindet sich heute in einer verheerenden Notlage. Der Verlust seines Lebensraums hat diese majestätische Kreatur an den Rand des Aussterbens gebracht. In diesem Abschnitt erforschen wir das komplizierte Geflecht von Faktoren, die zum Rückgang der Population des Südchinesischen Tigers geführt haben. Machen Sie sich auf die stille Bedrohung gefasst, die diese großartigen Kreaturen bedroht.

Da die menschliche Entwicklung immer weiter voranschreitet, hat sich der einst riesige Lebensraum des Südchinesischen Tigers drastisch verkleinert. Vorbei sind die Zeiten, in denen die Tiger inmitten dichter Wälder und grüner Täler frei umherstreiften. Das Vordringen menschlicher Siedlungen, der Landwirtschaft und von Infrastrukturprojekten hat nur wenig unberührt gelassen. Was bleibt, ist eine zersplitterte Landschaft mit isolierten Lebensräumen, die keine lebensfähigen Tigerpopulationen mehr beherbergen können.

Die Hauptursache für den Verlust von Lebensraum ist die Abholzung der Wälder. Bäume, die einst hoch standen und den Tigern Schutz boten, fallen heute der unersättlichen Nachfrage nach Holz und Agrarland zum Opfer. Die Heimat des Südchinesischen Tigers wurde durch Abholzung, Rodung für Plantagen und die Ausdehnung menschlicher Siedlungen verwüstet. Diese Zerstörung raubt den Tigern nicht nur ihr Zuhause, sondern führt auch zu einem Verlust an natürlichen Beutetieren und stört das empfindliche Gleichgewicht des Ökosystems.

Die Folgen des Lebensraumverlustes sind weitreichend und verheerend. Da der Lebensraum der Tiger schrumpft, werden ihre Territorien immer begrenzter, so dass konkurrierende Individuen in kleinere Gebiete gezwungen werden. Dieser Territorialkonflikt, der durch die schwindenden Ressourcen noch verschärft wird, führt häufig zu verstärkter Aggression und einer erhöhten Sterblichkeitsrate in der Population der Südchinesischen Tiger. Darüber hinaus beeinträchtigt die Fragmentierung ihres Lebensraums die Fortpflanzung und die genetische Vielfalt, was die Überlebenschancen der Tiere weiter verschlechtert.

Der Rückgang der Population des Südchinesischen Tigers kann auch darauf zurückgeführt werden, dass der Mensch in die verbleibenden Lebensräume eindringt. Der Bau von Straßen und Infrastruktur erschließt zuvor unzugängliche Gebiete, was zu vermehrter Wilderei und Störungen führt. Wilderer, die durch die hohe Nachfrage nach Tigerteilen im illegalen Wildtierhandel angelockt werden, haben es auf diese gefährdeten Tiere abgesehen. Wenn wir den Südchinesischen Tiger vor dem Aussterben bewahren wollen, müssen wir diesen rücksichtslosen Handel bekämpfen und strenge Maßnahmen gegen die Wilderei ergreifen.

Darüber hinaus ist der Verlust von Lebensräumen mit anderen Bedrohungen verknüpft, was die Situation noch verschlimmert. Der Klimawandel mit seinen unvorhersehbaren Auswirkungen auf Wettermuster und Ökosysteme stellt eine zusätzliche Herausforderung dar. Steigende Temperaturen, veränderte Niederschlagsmuster und Naturkatastrophen stören die empfindlichen Wechselbeziehungen im Lebensraum des Tigers und machen sein Überleben noch prekärer.

Die Zukunft des Südchinesischen Tigers hängt davon ab, ob es uns gelingt, den Verlust seines Lebensraums aufzuhalten. Die Schutzbemühungen müssen sich nicht nur auf den Schutz der verbleibenden Lebensräume konzentrieren, sondern auch auf die Wiederherstellung und Wiedervernetzung fragmentierter Gebiete. Dies erfordert einen vielschichtigen Ansatz, der die Zusammenarbeit zwischen Regierungen, Naturschutzorganisationen und lokalen Gemeinschaften einschließt.

Durch die Umsetzung nachhaltiger Landnutzungspraktiken, Aufforstungsinitiativen und die Einrichtung von Schutzgebieten können wir dem Südchinesischen Tiger eine faire Chance geben. Naturschützer und Forscher arbeiten unermüdlich daran, die komplexe Dynamik des Lebensraums des Tigers zu verstehen, und suchen nach innovativen Lösungen, um die Gefahren, denen er ausgesetzt ist, zu mindern.

Je mehr wir uns mit dem Verlust von Lebensraum und dessen Auswirkungen auf die Population des Südchinesischen Tigers befassen, desto deutlicher wird die Realität. Die stille Bedrohung wird mit jedem Schritt größer und treibt diese großartigen Kreaturen weiter in Richtung des Abgrunds der Ausrottung. Doch es gibt Hoffnung am Horizont. In der zweiten Hälfte dieses Abschnitts werden wir die Widerstandsfähigkeit dieser Tierart aufdecken und die bahnbrechenden Initiativen erkunden, die darauf abzielen, ihre verlorenen Gebiete zurückzuerobern. Machen Sie sich auf die Enthüllung eines überraschenden Bündnisses im Angesicht der Widrigkeiten gefasst, das entschlossen ist, einen neuen Abschnitt in der Geschichte des Südchinesischen Tigers zu enthüllen: Je mehr wir die verheerenden Auswirkungen des Lebensraumverlusts auf die Population des Südchinesischen Tigers aufdecken, desto deutlicher wird der dringende Handlungsbedarf. Angesichts dieser stillen Bedrohung sind Bemühungen im Gange, die verlorenen Gebiete dieser großartigen Kreaturen zurückzugewinnen und ihre Zukunft zu sichern.

Naturschützer und Forscher haben unermüdlich daran gearbeitet, die komplexe Dynamik des Lebensraums der Tiger zu verstehen, und nach innovativen Lösungen gesucht, um die Gefahren, denen sie ausgesetzt sind, zu mindern. Eine dieser Initiativen war die Einrichtung von Schutzgebieten und Naturreservaten, die dem Erhalt des Südchinesischen Tigers gewidmet sind. Diese Schutzgebiete bieten den Tigern einen sicheren Zufluchtsort und die Möglichkeit, dass sich ihre Populationen erholen können.

Es reicht jedoch nicht aus, die bestehenden Lebensräume zu schützen. Wiederherstellungsmaßnahmen sind unerlässlich, um fragmentierte Gebiete wieder miteinander zu verbinden und Korridore zu schaffen, die die Bewegung dieser schwer fassbaren Raubtiere erleichtern. Indem wir natürliche Landschaften wiederherstellen und das Wachstum geeigneter Vegetation fördern, können wir das ökologische Gleichgewicht wiederherstellen, das für das Überleben des Südchinesischen

Tigers notwendig ist.

So wurden beispielsweise Wiederaufforstungsinitiativen durchgeführt, um den schädlichen Auswirkungen der Abholzung entgegenzuwirken. Durch die Anpflanzung einheimischer Baumarten und die Wiederherstellung geschädigter Gebiete zielen diese Projekte auf die Wiederherstellung der dichten Wälder ab, die einst den Lebensraum des Südchinesischen Tigers bedeckten. Auf diese Weise können wir den Tigern den nötigen Schutz und die Beutetiere bieten, die sie für ihr Überleben benötigen.

Darüber hinaus sind nachhaltige Landnutzungspraktiken von entscheidender Bedeutung, um die langfristige Lebensfähigkeit des Lebensraums der Tiger zu gewährleisten. Die Förderung verantwortungsvoller Anbaumethoden und die Verwendung alternativer Materialien wie Bambus anstelle von Holz können dazu beitragen, den Druck auf die natürlichen Ressourcen zu verringern. Um eine nachhaltige Zukunft für den Südchinesischen Tiger zu erreichen, müssen die Bedürfnisse von Menschen und Wildtieren in Einklang gebracht werden.

Eine vielversprechende Entwicklung im Kampf gegen den Verlust von Lebensräumen ist die Einbeziehung lokaler Gemeinschaften in die Erhaltungsbemühungen. In der Erkenntnis, wie wichtig ihre Beteiligung ist, wurden Initiativen ins Leben gerufen, um die in der Nähe von Tigerlebensräumen lebenden Gemeinden einzubeziehen. Durch die Bereitstellung von Bildungs- und Wirtschaftsmöglichkeiten, die mit dem Schutz von Wildtieren vereinbar sind, können wir ein Gefühl der Verantwortung fördern und den langfristigen Erfolg der Schutzbemühungen sicherstellen.

Der Kampf zur Rettung des Südchinesischen Tigers vor dem Aussterben erfordert auch ein gemeinsames Vorgehen auf internationaler Ebene. Die Zusammenarbeit zwischen Regierungen, Naturschutzorganisationen und Strafverfolgungsbehörden für Wildtiere ist für die Bekämpfung des illegalen Wildtierhandels unerlässlich. Eine Verschärfung der Gesetze, mehr Überwachung und strengere Strafen für

Wilderei und illegalen Handel können dazu beitragen, die Netzwerke zu zerschlagen, die die Notlage dieser bedrohten Tiere ausnutzen.

Derzeit wird geforscht, um die Auswirkungen des Klimawandels auf den Südchinesischen Tiger besser zu verstehen. Die Wissenschaftler untersuchen die Widerstandsfähigkeit und Anpassungsfähigkeit dieser Tiger angesichts veränderter Wettermuster und ökologischer Störungen. Indem wir einen Einblick in ihre Fähigkeit gewinnen, veränderten Bedingungen zu widerstehen, können wir Schutzstrategien entwickeln, die ihre Zukunft besser sichern.

Je tiefer wir in den Bereich der Erhaltung und Restaurierung eindringen, desto deutlicher wird, dass die Zeit ein entscheidender Faktor ist. Die Südchinesischen Tiger stehen kurz davor, in Vergessenheit zu geraten, und das Zeitfenster, in dem sie ihr Schicksal noch wenden können, schließt sich rasch. Jede Entscheidung, jede Maßnahme, die in ihrem Namen getroffen wird, kann darüber entscheiden, ob sie überleben oder dem Druck einer sich rasch verändernden Welt erliegen werden.

Wir sollten uns daran erinnern, dass wir mit dem Schutz des Südchinesischen Tigers nicht nur ein majestätisches und beeindruckendes Raubtier retten, sondern auch das empfindliche Gleichgewicht der Ökosysteme unseres Planeten bewahren. Diese Tiger sind ein Symbol für unser Engagement zum Schutz der biologischen Vielfalt und zur Sicherung einer Zukunft, in der die Natur gedeihen kann.

Im Angesicht der Widrigkeiten bildet sich eine überraschende Allianz. Regierungen, Naturschutzorganisationen, lokale Gemeinschaften und Einzelpersonen aus allen Gesellschaftsschichten kommen zusammen, verbunden durch den gemeinsamen Glauben an den Wert der Tierwelt und die dringende Notwendigkeit, den Südchinesischen Tiger zu schützen. Mit Entschlossenheit und unerschütterlichem Engagement können wir einen neuen Abschnitt in der Geschichte dieser bemerkenswerten Tierart einleiten - einen Abschnitt der Widerstandsfähigkeit, der Wiederherstellung und der Hoffnung.

ABSCHNITT 3: WILDEREI UND ILLEGALER HANDEL MIT WILDTIEREN - TREIBSTOFF FÜR DAS AUSSTERBEN

Während die Sonne über den dichten Wäldern der chinesischen Provinz Yunnan untergeht, schleicht eine verstohlene Gestalt durch das Unterholz, auf der Suche nach ihrem nächsten Ziel. Mit der Anmut und Präzision eines erfahrenen Raubtiers dringt der Wilderer immer tiefer in das Herz des schwindenden Lebensraums des Südchinesischen Tigers vor. Ohne es zu wissen, wird dieses wunderbare Tier von einem noch gefährlicheren Raubtier verfolgt - dem von Gier und Ignoranz getriebenen Menschen.

Wilderei und illegaler Handel mit Wildtieren haben sich als Hauptursachen für den raschen Rückgang des Südchinesischen Tigers erwiesen, der einst ein beeindruckendes Symbol für

Chinas Naturerbe war. Die Anziehungskraft seines samtig-orangenen Fells und seines stechenden Blicks hat ihn zu einem bevorzugten Ziel für Wilderer gemacht, die mit dem Verkauf seiner Körperteile auf dem illegalen Wildtiermarkt Profit machen wollen. Die Folgen sind verheerend und haben diese majestätische Raubkatze an den Rand der Ausrottung getrieben.

Die außergewöhnliche Schönheit und das schwer fassbare Wesen des Südchinesischen Tigers haben lange Zeit die Phantasie von Sammlern und traditionellen Medizinern beflügelt. Seinen Knochen, Krallen und seiner Haut werden fälschlicherweise mystische Kräfte zugeschrieben, die Krankheiten heilen und die Vitalität steigern können. Solche Mythen, die sich seit Generationen halten, haben zu einem unerbittlichen illegalen Handel geführt, der hinter verschlossenen Türen weiter floriert.

Dieser verheerende Markt wird durch ein kompliziertes Netz von Verbrechersyndikaten, Schmuggelrouten und korrupten Beamten angeheizt. Wilderer, die mit fortschrittlicher Technologie und Waffen ausgestattet sind, haben diesen illegalen Handel in ein hoch organisiertes und lukratives Geschäft verwandelt. Mit ausgeklügelten Strategien entziehen sie sich den Strafverfolgungsbehörden und nutzen die Abgeschiedenheit der verbliebenen Lebensräume des Tigers aus. Die einst sicheren Zufluchtsorte des Südchinesischen Tigers haben sich in Schlachtfelder verwandelt, in denen es vor Gefahr und Verzweiflung nur so wimmelt.

Obwohl bereits Anstrengungen zur Bekämpfung dieser ernsten Krise unternommen wurden, einschließlich internationaler Zusammenarbeit und verstärkter Strafverfolgungsmaßnahmen, stellen Wilderei und illegaler Wildtierhandel eine große Herausforderung dar. Die Weite der chinesischen Landschaft, gepaart mit allgegenwärtiger Korruption und einem florierenden Schwarzmarkt, trägt dazu bei, dass der Südchinesische Tiger immer weiter ausstirbt.

Doch jenseits des Kampfes gegen kriminelle Netzwerke gibt es ein komplexes soziales Geflecht, das die Nachfrage nach den Körperteilen des Tigers anheizt. Tief verwurzelte kulturelle Überzeugungen und Traditionen tragen zur fortgesetzten Ausbeutung dieses majestätischen Tieres bei. Aberglaube und ererbte Weisheit haben seine Präsenz im Gefüge der Gesellschaft verankert und ihn zu einem unersetzlichen Bestandteil von Ritualen und Zeremonien gemacht. Die Wahrnehmung von Status und Reichtum ist auf unerklärliche Weise mit dem Besitz von Tigerprodukten verknüpft, wodurch ein endloser Kreislauf der Nachfrage aufrechterhalten wird.

Der Kampf ums Überleben verschärft sich und der Südchinesische Tiger befindet sich in einem tödlichen Spannungsfeld zwischen menschlicher Gier und alten Bräuchen. Der Kampf gegen die schwindende Population erfordert einen vielschichtigen Ansatz, der sich nicht nur mit den kriminellen Aktivitäten hinter der Wilderei und dem illegalen Wildtierhandel befasst, sondern auch mit den gesellschaftlichen Überzeugungen, die diese verheerende Industrie stützen.

In der zweiten Hälfte dieses Abschnitts werden wir die unermüdlichen Bemühungen von Naturschutzorganisationen, Forschern und lokalen Gemeinschaften zum Schutz und zur Wiederherstellung des Lebensraums des Südchinesischen Tigers untersuchen. Wir werden die innovativen Strategien aufdecken, die eingesetzt werden, um Schmugglernetzwerke zu infiltrieren und die Schuldigen zu entlarven, die die Ausrottungskrise anheizen. Machen Sie sich auf eine aufschlussreiche Erkundung der Welt des Naturschutzes gefasst, während wir in die inspirierenden Geschichten derjenigen eintauchen, die entschlossen sind, die Geheimnisse des Südchinesischen Tigers zu lüften und ihm den ihm zustehenden Platz in unserem Naturerbe zu sichern. Einschneidende Veränderungen sind in Sicht, und die Hoffnung scheint durch den dichten Nebel der Ungewissheit hindurch.

Da der Südchinesische Tiger vom Aussterben bedroht ist, haben sich Naturschutzorganisationen, Forscher und örtliche Gemeinschaften zusammengetan, um seinen rasch schwindenden Lebensraum zu schützen und wiederherzustellen. Ihre unermüdlichen Bemühungen haben zu vielversprechenden Ergebnissen geführt und bieten einen Hoffnungsschimmer in einer ansonsten düsteren Situation. In diesem zweiten Teil der Sektion werden wir uns mit den innovativen Strategien befassen, die eingesetzt werden, um Schmugglernetzwerke zu infiltrieren und die Schuldigen an der Ausrottungskrise zu entlarven, sowie mit den inspirierenden Geschichten derjenigen, die sich für die Erhaltung dieser großartigen Kreatur einsetzen.

An vorderster Front im Kampf gegen Wilderei und illegalen Wildtierhandel stehen mutige Menschen, die undercover ihr Leben riskieren und kriminelle Netzwerke infiltrieren. Diese Agenten arbeiten unermüdlich, um wichtige Informationen zu sammeln, Schmuggeloperationen zu zerschlagen und die Täter vor Gericht zu bringen. Ihre Arbeit führt sie oft in das Herz des Schwarzmarktes, wo die Körperteile des Südchinesischen Tigers exorbitante Preise erzielen. Durch ihre Bemühungen wird das komplizierte Geflecht der an diesem illegalen Handel beteiligten Verbrechersyndikate langsam entwirrt.

Ergänzend zu diesen Bemühungen haben Forscher und Technologieexperten innovative Methoden entwickelt, um die Bewegungen von Wilderern zu verfolgen und Schmuggelrouten zu identifizieren. Moderne Überwachungssysteme, darunter ferngesteuerte Kameras, Drohnen und Satellitenbilder, sind zu wichtigen Instrumenten im Kampf gegen den illegalen Wildtierhandel geworden. Modernste Techniken wie DNA-Analysen und forensische Untersuchungen tragen dazu bei, beschlagnahmte Tigerteile bestimmten Personen zuzuordnen, was die rechtliche Verfolgung der am Handel beteiligten Personen erleichtert.

Darüber hinaus hat die Zusammenarbeit zwischen Strafverfolgungsbehörden, staatlichen Stellen und internationalen Organisationen zu einem verstärkten Vorgehen gegen Wilderei und illegalen Handel geführt. Diese gemeinsamen Bemühungen zielen darauf ab, die Syndikate, die diese verheerende Industrie betreiben, zu zerschlagen und die Gesetzgebung zu verbessern, um Straftäter härter zu bestrafen.

Während sich diese Maßnahmen auf die Bekämpfung der kriminellen Aktivitäten konzentrieren, die für den Rückgang der Population des Südchinesischen Tigers verantwortlich sind, ist es wichtig zu erkennen, dass der Kampf über die Strafverfolgung hinausgeht. Tief verwurzelte kulturelle Überzeugungen und Traditionen stützen weiterhin die Nachfrage nach Produkten, die von Tigern stammen. Naturschutzorganisationen arbeiten daher eng mit lokalen Gemeinschaften zusammen, um das Bewusstsein für die Bedeutung des Schutzes dieser bedrohten Arten zu schärfen und Alternativen zur Verwendung von Tigerteilen zu fördern.

Durch Aufklärungskampagnen, Programme für die Gemeinden und Initiativen für einen nachhaltigen Lebensunterhalt kann die Wahrnehmung von Status und Reichtum, die mit Tigerprodukten verbunden sind, verändert werden. Indem sie den inneren Wert dieser schönen Tiere und das ökologische Gleichgewicht, das sie aufrechterhalten, hervorheben, wollen Naturschützer den Kreislauf der Nachfrage durchbrechen.

Eine solche Erfolgsgeschichte stammt aus dem Huaping National Nature Reserve in der Provinz Yunnan, wo wertvolle Partnerschaften zwischen Naturschützern und lokalen Gemeinschaften entstanden sind. Hier hat die Entwicklung von Ökotourismus-Initiativen den Dorfbewohnern eine alternative Einkommensquelle eröffnet und ihre Abhängigkeit vom illegalen Wildtierhandel verringert. Indem sie die Majestät des Südchinesischen Tigers in seinem natürlichen Lebensraum erleben, gewinnen die Besucher ein neues Verständnis für die Bedeutung dieser Tierart und tragen aktiv zu ihrem Schutz bei.

Zum Abschluss dieses Abschnitts müssen wir feststellen, dass der Kampf um den Schutz und die Wiederherstellung der Population des Südchinesischen Tigers noch lange nicht vorbei ist. Inmitten der Verwüstung und Zerstörung gibt es jedoch auch Lichtblicke, die den dichten Nebel der Ungewissheit durchdringen. Durch die kollektiven Bemühungen engagierter Einzelpersonen, die Kraft der Innovation und das Engagement lokaler Gemeinschaften kann ein wirksamer Wandel erreicht werden.

Die Geheimnisse des Südchinesischen Tigers werden langsam gelüftet, und die Abschnitte, die noch geschrieben werden müssen, bergen das Potenzial für eine bessere Zukunft. Mit Entschlossenheit, Beharrlichkeit und einem lautstarken Aufruf zum Schutz unseres natürlichen Erbes kann der Südchinesische Tiger seinen rechtmäßigen Platz in der reichen biologischen Vielfalt Chinas zurückerobern. Das Schicksal dieser großartigen Kreatur hängt in der Schwebe und wartet darauf, dass wir auf den dringenden Aufruf zum Schutz reagieren und ihm die Möglichkeit geben, sein Überleben für kommende Generationen zu sichern.

ABSCHNITT 4: SCHUTZBEMÜHUNGEN - RETTUNG DES SÜDCHINESISCHEN TIGERS

Inmitten der dichten Wälder Südchinas, wo sich grüne Baumkronen ineinander verschlingen und das Sonnenlicht nur schwer eindringen kann, lebt eine rätselhafte Kreatur, die vom Aussterben bedroht ist - der Südchinesische Tiger. Diese majestätische Raubkatze, einst ein Symbol für Kraft und Stärke, kämpft heute um ihr Überleben. In einer Welt, die durch unerbittliche menschliche Aktivitäten belastet ist, sind verschiedene Schutzinitiativen und Strategien entstanden, um die Population des Südchinesischen Tigers zu schützen und wiederzubeleben.

In Anerkennung des dringenden Handlungsbedarfs haben sich verschiedene Organisationen und Regierungen zusammengetan, um diese großartige Tierart zu schützen. Eine dieser Initiativen ist die Einrichtung von Schutzgebieten, die ausschließlich dem Erhalt des Südchinesischen Tigers dienen. Diese Reservate bieten den schwer fassbaren Katzen einen sicheren Zufluchtsort, abgeschirmt von menschlichen Aktivitäten und potenziellen Raubtieren. In diesen Schutzgebieten können sich die Tiger frei bewegen und ihre edle Präsenz hallt durch die uralten Bäume wider.

Darüber hinaus wurden umfangreiche Anstrengungen unternommen, um die Zucht- und Fortpflanzungsfähigkeit des Südchinesischen Tigers zu verbessern. Diese majestätischen Tiere, die sich einst in ihrem gesamten Verbreitungsgebiet vermehrten, haben heute Schwierigkeiten, geeignete Partner zu finden und eine lebensfähige Population zu erhalten. Durch die sorgfältige Förderung kontrollierter Zuchtprogramme wird die genetische Vielfalt sorgfältig bewahrt und sichergestellt, dass künftige Generationen von Südchinesischen Tigern über die nötige Widerstandsfähigkeit verfügen, um in ihrem natürlichen Lebensraum zu gedeihen.

Neben den Zuchtprogrammen ist die Erhaltung und Wiederherstellung des immer kleiner werdenden Lebensraums des Tigers ein wichtiger Aspekt der Schutzbemühungen. Die Fragmentierung und Degradierung der einst riesigen Wälder hat dazu geführt, dass der Südchinesische Tiger nur noch begrenzte Territorien als Heimat hat. Angesichts dieser Herausforderung haben Naturschützer ehrgeizige Wiederaufforstungsprojekte in Angriff genommen, um die Landschaften zu verjüngen, die einst die Anwesenheit dieser schwer fassbaren Raubkatzen beherbergten.

Zusätzlich zu diesen groß angelegten Initiativen haben die lokalen Gemeinschaften eine unersetzliche Rolle bei der Erhaltung des Südchinesischen Tigers gespielt. Durch die Zusammenarbeit mit den Anwohnern und deren Befähigung, ihr natürliches Erbe zu verwalten, wurde ein Gefühl der Eigenverantwortung für den Schutz dieser schwer fassbaren Kreaturen geschaffen. Durch Bildungsprogramme und gemeindebasierte Schutzprojekte wurde der Wert der Koexistenz mit dem Südchinesischen Tiger in den Herzen und Köpfen derjenigen verankert, die ihr Gebiet mit ihm teilen.

In den letzten Jahren hat auch der technologische Fortschritt die Bemühungen um den Schutz des Südchinesischen Tigers unterstützt. Modernste Überwachungssysteme, darunter Kamerafallen und Satellitenbilder, ermöglichen es Wissenschaftlern und Forschern, wertvolle Einblicke in das geheimnisvolle Leben dieser Katzen zu gewinnen. Indem sie ihre Bewegungen verfolgen, einzelne Tiger identifizieren und ihr Verhalten verstehen, können Naturschützer gezielte Strategien entwickeln, um die Überlebenschancen der Art zu verbessern.

Inmitten des Kampfes um die Rettung des Südchinesischen Tigers keimt Hoffnung auf, und die Zusammenarbeit bleibt der Eckpfeiler dieser Schutzinitiativen. Internationale Allianzen haben erkannt, wie wichtig koordinierte Bemühungen sind, und konzentrieren sich auf den Austausch von Wissen, Forschung und Ressourcen, um die Wirkung ihrer Arbeit zu maximieren. Durch die Bündelung von Fachwissen über Ländergrenzen hinweg wird eine gemeinsame Front gegen die Bedrohung dieses schwer fassbaren Tieres geschmiedet, was zu neuem Optimismus für seine Zukunft führt.

Doch in der Weite dieser Bemühungen liegt eine ungewisse Reise. Werden die unermüdlichen Bemühungen ausreichen, um die schwindende Population des Südchinesischen Tigers zu stoppen? Können die Schutzinitiativen den zahlreichen Herausforderungen standhalten, die vor ihnen liegen? Nur die Zeit wird die Antworten offenbaren, denn das Schicksal dieser rätselhaften Art hängt in der Schwebe.

Die Bewältigung der immensen Herausforderungen, die das Überleben des Südchinesischen Tigers bedrohen, erfordert einen vielschichtigen Ansatz. In der zweiten Hälfte dieses Abschnitts befassen wir uns eingehender mit den Erhaltungsinitiativen, die sich um den Schutz dieser rätselhaften Art bemühen, und erkunden die möglichen Wege zu ihrer Wiederbelebung.

Ein wesentlicher Aspekt der Schutzbemühungen ist die Sensibilisierung und Mobilisierung der öffentlichen

Unterstützung. In der Erkenntnis, dass der Schlüssel zum Überleben des Südchinesischen Tigers bei den Menschen liegt, haben Organisationen und Regierungen Aufklärungskampagnen gestartet, um Wissen zu verbreiten und Empathie für diese majestätischen Katzen zu fördern. Indem sie die ökologische Bedeutung des Südchinesischen Tigers und seine Rolle bei der Aufrechterhaltung gesunder Ökosysteme hervorheben, versuchen diese Initiativen, die Unterstützung der Öffentlichkeit zu sichern und die Gemeinden zu inspirieren, sich aktiv am Schutz zu beteiligen.

Darüber hinaus wurden innovative Methoden wie der Ökotourismus eingesetzt, um sowohl Einkommen als auch Anerkennung für den Schutz des Südchinesischen Tigers zu erzielen. Indem man den lokalen Gemeinschaften wirtschaftliche Alternativen anbietet, die an die Anwesenheit des Tigers geknüpft sind, werden Anreize geschaffen, seinen Lebensraum zu schützen und Wilderei zu verhindern. Verantwortungsvolle Tourismuspraktiken, die von strengen Vorschriften geleitet werden, stellen sicher, dass Besucher das natürliche Verhalten des Tigers beobachten und schätzen können, ohne seinen Lebensraum zu stören oder die Art zu gefährden.

Eine ständige Herausforderung ist der Kampf gegen den illegalen Wildtierhandel, der eine erhebliche Bedrohung für das Überleben des Südchinesischen Tigers darstellt. Obwohl er durch internationales Recht geschützt ist, treibt die Nachfrage nach Tigerteilen die Wilderei weiter an. Um dem entgegenzuwirken, haben Organisationen und Regierungen ihre Bemühungen verstärkt, illegale Wildtierhandelsnetze zu zerschlagen, die Strafverfolgung zu verstärken und sich für strengere Strafen einzusetzen. Indem sie sowohl die Angebots- als auch die Nachfrageseite des Handels angehen, zielen diese Initiativen darauf ab, den illegalen Markt einzudämmen und die verbleibenden Südchinesischen Tiger davor zu schützen, der Wilderei zum Opfer zu fallen.

Die Zusammenarbeit zwischen Regierungen und

Naturschutzorganisationen hat sich bei den Bemühungen um den Schutz des Südchinesischen Tigers als entscheidend erwiesen. Internationale Partnerschaften bündeln Ressourcen und Fachwissen, um umfassende Aktionspläne zu entwickeln, die den komplexen Herausforderungen der Art gerecht werden. Diese Allianzen ermöglichen gemeinsame Forschungsprogramme, den Austausch bewährter Praktiken und die grenzüberschreitende Koordinierung von Schutzstrategien.

Darüber hinaus betonen die Initiativen zum Schutz des Südchinesischen Tigers, wie wichtig es ist, mit den lokalen Gemeinschaften zusammenzuarbeiten und ihr traditionelles Wissen in die Schutzmaßnahmen einzubeziehen. Indigene Bevölkerungsgruppen, die mit dem Tiger zusammenleben, verfügen über ein tiefes Verständnis für sein Verhalten, seinen Lebensraum und seine Beziehung zur Natur. Durch die Zusammenarbeit mit diesen Gemeinschaften im Rahmen von partizipatorischen Projekten und Co-Management-Programmen können Naturschützer ihre unschätzbaren Erkenntnisse nutzen und so ein gemeinsames Verantwortungsgefühl für den Schutz des Südchinesischen Tigers und seines Lebensraums fördern.

Die Integration von Technologie spielt weiterhin eine zentrale Rolle bei den Schutzbemühungen. Ortungs- und Überwachungsgeräte wie GPS-Halsbänder und bioakustische Sensoren liefern wichtige Daten über die Bewegungen des Südchinesischen Tigers, sein Fressverhalten und sein Fortpflanzungsverhalten. Durch die Analyse dieser Informationen können Wissenschaftler gezielte Schutzstrategien entwickeln und sicherstellen, dass ihre Bemühungen den Bedürfnissen und Erhaltungszielen der Art entsprechen.

Dank der Beharrlichkeit von Wissenschaftlern und Naturschützern keimt die Hoffnung auf die Zukunft des Südchinesischen Tigers wieder auf. Ihre unermüdlichen Bemühungen haben gezeigt, dass es immer noch möglich ist, den gefährlichen Rückgang dieser bemerkenswerten

Art aufzuhalten. Dennoch bleiben Herausforderungen am Horizont. Klimawandel, Lebensraumverlust und Konflikte zwischen Mensch und Tier bedrohen weiterhin die Existenz des Südchinesischen Tigers und unterstreichen die Notwendigkeit kontinuierlicher wissenschaftlicher Forschung, anpassungsfähiger Managementpraktiken und solider politischer Rahmenbedingungen.

Letztlich liegt das Schicksal des Südchinesischen Tigers in unseren gemeinsamen Händen. Die Erhaltung dieser ikonischen Tierart erfordert rasches und entschlossenes Handeln aller Bereiche der Gesellschaft. Durch die Unterstützung von Naturschutzinitiativen, das Eintreten für eine strengere Gesetzgebung und die Förderung nachhaltiger Entwicklungspraktiken können wir den Weg für eine Zukunft ebnen, in der der Südchinesische Tiger wieder durch die Wälder streift - ein Symbol der Hoffnung, der Widerstandsfähigkeit und des Triumphs des Engagements der Menschheit für den Schutz der spektakulären Artenvielfalt unseres Planeten.

ABSCHNITT 5: HOFFNUNG FÜR DIE ZUKUNFT – DAS BRÜLLEN WIEDERHERSTELLEN

Während der Südchinesische Tiger am Rande der Ausrottung steht, gibt es einen Hoffnungsschimmer, der durch den dichten Nebel der Verzweiflung hindurchleuchtet. Durch Zusammenarbeit, Aufklärung und Bewusstseinsbildung können wir den Optimismus und das Potenzial zur Sicherung einer besseren Zukunft für diese großartige Kreatur freilegen.

Zusammenarbeit ist ein Schlüsselelement für die Erhaltung und Wiederherstellung des Südchinesischen Tigers. Regierungen, Organisationen und Einzelpersonen müssen sich zusammentun und ihre Ressourcen, ihr Wissen und ihre Erfahrung bündeln, um die vielschichtigen Herausforderungen zu bewältigen, denen sich diese majestätischen Tiere gegenübersehen. Durch den Austausch von bewährten Praktiken, wissenschaftlicher Forschung und innovativen Ideen können wir eine gemeinsame Front gegen die großen Bedrohungen bilden, die sich abzeichnen.

Internationale Kooperationen, wie das South China Tiger Rewilding Program, haben vielversprechende Ergebnisse gezeigt. Dieses Programm zielt darauf ab, in Gefangenschaft gezüchtete Tiger wieder in ihre natürlichen Lebensräume einzuführen und so erfolgreiche Initiativen zur Wiederansiedlung zu fördern. Durch Partnerschaften zwischen China und anderen Ländern haben diese Programme das Bewusstsein weltweit geschärft und ähnliche Bemühungen in anderen Ländern, in denen Tiger leben, angeregt.

Bildung spielt eine entscheidende Rolle bei der Entwicklung von Einstellungen und Verhaltensweisen zum Schutz des Tigers. Durch die Vermittlung von Wissen über die ökologische und kulturelle Bedeutung des Südchinesischen Tigers und die Folgen seines Aussterbens können wir bei den Gemeinschaften, insbesondere bei denen, die in unmittelbarer Nähe von Tigerlebensräumen leben, ein Gefühl der Verantwortung und Dringlichkeit wecken.

Die Einbeziehung lokaler Gemeinschaften in die Erhaltungsbemühungen ist für den langfristigen Erfolg entscheidend. Initiativen wie gemeindebasierte Ökotourismusprojekte, die nachhaltige Einkommensmöglichkeiten bieten, können ein Gefühl der Verantwortung und wirtschaftliche Anreize für den Schutz dieser großartigen Tiere schaffen. Indem wir die Gemeinden in die Überwachung von Wildtieren und die Wiederherstellung von Lebensräumen einbeziehen, können wir sie dazu befähigen, Hüter des Südchinesischen Tigers zu werden.

Die Bewusstseinsbildung ist ein weiteres wirksames Instrument im Kampf um die Rettung des Südchinesischen Tigers. Durch Medienkampagnen, Dokumentarfilme und die Nutzung sozialer Medien können wir die Aufmerksamkeit eines weltweiten Publikums gewinnen und Unterstützung mobilisieren. Die Welt muss von der Notlage dieser Tiger, ihren schrumpfenden Lebensräumen und dem dringenden

Handlungsbedarf erfahren.

Darüber hinaus können Sensibilisierungsinitiativen die Verbraucher über den illegalen Wildtierhandel aufklären, der eine erhebliche Bedrohung für den Südchinesischen Tiger darstellt. Indem wir die Nachfrage nach Tigerteilen und -produkten verringern, können wir die Wilderei und den illegalen Handel eindämmen, die den Handel anheizen und diese Tiere näher an den Abgrund der Ausrottung bringen.

Angesichts der zahlreichen Herausforderungen bieten unsere gemeinsamen Anstrengungen einen Hoffnungsschimmer. Die Rückgewinnung des ehemaligen Territoriums des Südchinesischen Tigers und die Umsetzung strengerer Maßnahmen zur Bekämpfung der Wilderei sind Schritte in die richtige Richtung. Naturschutzorganisationen und Regierungen investieren in wissenschaftliche Forschung, genetische Studien und Zuchtprogramme, um das langfristige Überleben der Art zu sichern.

Aber es gibt noch viel zu tun. Unser Wissen über die Ökologie des Südchinesischen Tigers, seine Lebensraumansprüche und seine Populationsdynamik ist nach wie vor unvollständig. Wir müssen unsere Anstrengungen verdoppeln, um die verbleibenden Lebensräume zu erhalten, Schutzgebiete auszuweiten und Korridore zu schaffen, die fragmentierte Landschaften miteinander verbinden. Nur wenn wir diese kritischen Fragen angehen, können wir eine Zukunft für den Südchinesischen Tiger sichern.

Wenn wir uns auf den Weg machen, den Südchinesischen Tiger wieder zum Brüllen zu bringen, dürfen wir in unserem Engagement nicht nachlassen. Die zweite Hälfte dieses Abschnitts befasst sich mit innovativen Strategien, neuen Technologien und dem Potenzial für Wiederansiedlungsprogramme. Bleiben Sie uns also treu, liebe Leser, und lassen Sie sich von uns in das aufregende Reich der Erhaltungsmöglichkeiten entführen. Das Schicksal des Südchinesischen Tigers steht auf dem Spiel, aber gemeinsam können wir seine Geschichte neu schreiben und dafür sorgen, dass sein majestätisches Brüllen wieder durch die Wälder hallt.

Innovative Strategien sind der Schlüssel zu einer besseren Zukunft für den Südchinesischen Tiger. Bei unserer weiteren Erkundung der Möglichkeiten zur Erhaltung des Tigers entdecken wir vielversprechende Fortschritte und neue Technologien, die Hoffnung auf die Wiederherstellung des Brüllens dieser majestätischen Kreatur machen.

Ein solcher innovativer Ansatz ist der Einsatz fortschrittlicher Monitoring- und Überwachungstechniken. Durch die Nutzung der Technologie können Naturschützer Tigerpopulationen genau überwachen und ihre Bewegungen in Echtzeit verfolgen. Durch den Einsatz von Satelliten- und GPS-Halsbändern bei Südchinesischen Tigern können Forscher beispielsweise wertvolle Daten über ihre Lebensraumpräferenzen, ihre Fortpflanzungsmuster und ihr Revierverhalten sammeln. Diese Informationen ermöglichen gezielte Schutzmaßnahmen, die eine wirksame Ressourcenzuweisung und den Schutz kritischer Tigerlebensräume gewährleisten.

Außerdem hat das Aufkommen der Kamerafangtechnik die Überwachung von Wildtieren revolutioniert. Diese diskreten und bewegungsempfindlichen Kameras fangen Bilder und Videos von schwer fassbaren Tigern ein und liefern unschätzbare Einblicke in ihr Verhalten und ihre Populationsdynamik. Diese Daten helfen bei der Entwicklung von Strategien für das Lebensraummanagement, die Erhaltung der Beutetiere und die Entschärfung von Konflikten mit lokalen Gemeinschaften.

Darüber hinaus spielen genetische Studien und Forschung eine entscheidende Rolle bei der Sicherung der Zukunft des Südchinesischen Tigers. Indem sie die genetische Vielfalt der Art verstehen und potenzielle genetische Engpässe identifizieren, können Naturschützer Zuchtprogramme so gestalten, dass die genetische Gesundheit und Lebensfähigkeit der Nachkommen maximiert wird. Die Untersuchung der genetischen Zusammensetzung des

Südchinesischen Tigers ermöglicht es den Wissenschaftlern außerdem, die Abstammung der Art zu verfolgen, Individuen für Wiederansiedlungsprogramme zu identifizieren und Populationen in Gefangenschaft aufzubauen, die ihren wilden Artgenossen sehr ähnlich sind.

Wiederansiedlungsprogramme bieten einen Hoffnungsschimmer für die Zukunft des Südchinesischen Tigers. Durch die schrittweise Wiederansiedlung von in Gefangenschaft gezüchteten Tigern in sorgfältig ausgewählten Lebensräumen wollen Wissenschaftler lebensfähige Populationen wiederherstellen und ihre ökologische Funktion wiederherstellen. Dieses ehrgeizige Unterfangen erfordert eine sorgfältige Planung, umfangreiche Forschung und die Zusammenarbeit zwischen Naturschutzorganisationen, Regierungen und lokalen Gemeinschaften.

Ein erfolgreiches Beispiel ist das bereits erwähnte South China Tiger Rewilding Program. Dieses Programm trägt nicht nur zur Erholung des südchinesischen Tigers bei, sondern fördert auch die ökologische Wiederherstellung. Die Wiederansiedlung von Tigern wirkt sich auch positiv auf die Vegetation und die Beutetierarten aus und führt insgesamt zu einem gesünderen Ökosystem. Ähnliche Programme in anderen Teilen der Welt, wie z. B. das indische Project Tiger, haben bemerkenswerte Erfolgsgeschichten gezeigt und bewiesen, dass die Wiederansiedlung von Tigern ein wirksames Instrument für den Naturschutz sein kann.

Die Herausforderungen der Wiederansiedlung sollten jedoch nicht unterschätzt werden. Der Aufbau stabiler Beutetierpopulationen, die Entschärfung von Konflikten zwischen Mensch und Wildtieren und die Schaffung zusammenhängender Landschaften stellen allesamt erhebliche Hürden dar. Es ist von entscheidender Bedeutung, mit den lokalen Gemeinschaften zusammenzuarbeiten, ihre Unterstützung zu gewinnen und die Koexistenz zwischen Menschen und Tigern zu fördern. Bildungs- und Ermächtigungsprogramme für die Gemeinden spielen eine entscheidende Rolle bei der Erreichung dieses empfindlichen Gleichgewichts.

Die Schaffung wirtschaftlicher Anreize für die lokalen Gemeinschaften ist ebenfalls ein wichtiger Aspekt der Schutzbemühungen. Durch die Einführung nachhaltiger Einkommensmöglichkeiten wie Ökotourismus können die Gemeinden von der Anwesenheit des Südchinesischen Tigers profitieren. Durch verantwortungsvolle und gemeindebasierte Tourismusinitiativen können die Gemeinden den wirtschaftlichen Wert des Schutzes dieser stark bedrohten Tiere erkennen. Dieser wirtschaftliche Anreiz sichert nicht nur die Zukunft des Südchinesischen Tigers, sondern fördert auch eine nachhaltige Entwicklung und die Bekämpfung der Armut.

Zusammenfassend lässt sich sagen, dass die zweite Hälfte dieses Abschnitts die innovativen Strategien, die neuen Technologien und das Potenzial für Wiederansiedlungsprogramme beleuchtet hat, die Hoffnung auf die Wiederherstellung des Südchinesischen Tigers geben. Durch fortschrittliche Überwachungstechniken, genetische Forschung und gezielte Wiederansiedlungsprogramme können wir den Weg für die Wiederansiedlung florierender Tigerpopulationen in ihren natürlichen Lebensräumen ebnen. Zusammenarbeit, Aufklärung und Bewusstseinsbildung spielen weiterhin eine wichtige Rolle bei der Sicherung einer besseren Zukunft für diese großartige Kreatur.

Bleiben Sie dran, denn unsere Reise zur Enthüllung der Geheimnisse des Südchinesischen Tigers geht weiter und führt uns tiefer in das verschlungene Netz des Naturschutzes und zur Enthüllung der verbleibenden Abschnitte dieser fesselnden Geschichte. Lassen Sie uns gemeinsam dafür sorgen, dass das Brüllen des Südchinesischen Tigers noch einmal durch die Wälder hallt.

KAPITEL 8: DER AMURTIGER

ABSCHNITT 1: DER AMURTIGER: KÖNIG DER TAIGA

Inmitten der riesigen Weiten der sibirischen Wildnis herrscht ein furchterregendes Raubtier, das die Herzen und den Verstand aller in seinen Bann zieht, die es wagen, in sein Reich einzudringen. Der Amurtiger, der auch als Sibirischer Tiger bekannt ist, steht groß und stolz als das Spitzenraubtier des Taiga-Ökosystems da. Seine majestätische Präsenz und seine unvergleichlichen Jagdfähigkeiten machen ihn zu einem wahren König der Wildnis.

Der Amurtiger, Panthera tigris altaica, ist keine gewöhnliche Raubkatze. Mit seinem muskulösen Körperbau kann er bis zu 300 Kilogramm wiegen und eine Länge von über 3 Metern erreichen. Sein auffallend orangefarbenes Fell, das mit schwarzen Streifen verziert ist, ermöglicht es ihm, mühelos mit dem dichten Laub der Taiga zu verschmelzen. Allein die Größe und das Aussehen des Amurtigers flößen denjenigen, die das Glück haben, einen Blick auf diese schwer fassbare Kreatur zu erhaschen, sowohl Angst als auch Bewunderung ein.

Ausgestattet mit rasiermesserscharfen Krallen und kräftigen Kiefern verfügt der Amurtiger über bemerkenswerte körperliche Eigenschaften, die ihn zu einem konkurrenzlosen

Raubtier machen. Dank seiner schieren Stärke ist er in der Lage, Beutetiere zu erlegen, die deutlich größer sind als er selbst, z. B. Wildschweine, Hirsche und sogar gelegentlich Braunbären. Diese beeindruckende Demonstration von Stärke und Beweglichkeit ist einer der vielen Faktoren, die seine Position an der Spitze der Nahrungskette festigen.

Der Amurtiger zeichnet sich jedoch nicht nur durch seine körperlichen Fähigkeiten aus, sondern auch durch seine Gerissenheit und Intelligenz, die ihm seine Position als unangefochtener Herrscher der Taiga sichern. Während viele Tiger als Einzelgänger wahrnehmen, ist der Amurtiger ein Beispiel für außergewöhnliche Anpassungsfähigkeit und soziale Intelligenz. Durch geduldige Beobachtung haben Wissenschaftler eine komplexe soziale Struktur innerhalb dieser majestätischen Art dokumentiert.

Amurtiger errichten Reviere, die sich über Hunderte von Quadratkilometern erstrecken können, um sicherzustellen, dass sie Zugang zu reichlich Beute und geeigneten Lebensräumen haben. Innerhalb dieser Territorien markieren sie ihre Anwesenheit durch Duftmarkierungen, Lautäußerungen und gelegentliche visuelle Zeichen, oft in Form von Kratzspuren an Bäumen. Diese territorialen Markierungen dienen nicht nur als Warnung für rivalisierende Tiger, sondern auch als Einladung an potenzielle Partner.

Wenn es um die Jagd geht, ist der Amurtiger ein Meisterstratege. Er pirscht sich vorsichtig an seine Beute heran und nutzt die Deckung der Taiga, um unentdeckt zu bleiben, bis der günstige Moment gekommen ist. Mit einer Kombination aus Heimlichkeit, Geduld und explosionsartiger Geschwindigkeit stürzt er sich auf sein ahnungsloses Opfer und versetzt ihm einen schnellen und tödlichen Schlag. Sein kräftiger Biss, der Knochen zertrümmern und die Beute ersticken kann, garantiert jedes Mal eine erfolgreiche Jagd.

Die Dominanz des Amur-Tigers ist offensichtlich, doch seine Existenz steht auf dem Spiel. Angesichts zahlreicher Bedrohungen wie Lebensraumverlust, Klimawandel und

Wilderei steht diese majestätische Kreatur am Rande der Ausrottung. Die Schutzbemühungen haben jedoch in den letzten Jahren erhebliche Fortschritte gemacht, die Hoffnung auf das Überleben dieser ikonischen Art machen. Gemeinsame Initiativen von Regierungen, Organisationen und lokalen Gemeinschaften bemühen sich um den Schutz der Lebensräume des Amur-Tigers und um die Durchsetzung der Gesetze zur Bekämpfung der Wilderei.

Während wir tiefer in die Geheimnisse des Amurtigers eintauchen, werden wir nicht nur seine unvergleichlichen körperlichen Eigenschaften und Jagdtaktiken erforschen, sondern auch das komplizierte Netz von Interaktionen, das er im Ökosystem der Taiga teilt. Begleiten Sie uns auf dieser bemerkenswerten Reise, auf der wir das Rätsel des Amurtigers entschlüsseln und Licht in die Geheimnisse bringen, die in den ursprünglichen Tiefen der sibirischen Wildnis verborgen sind.

Bei der Fortsetzung unserer Erkundung des Amurtigers tauchen wir tiefer in das komplizierte Netz von Interaktionen ein, an dem er im Ökosystem der Taiga beteiligt ist. Abgesehen von seiner Rolle als Spitzenprädator spielt diese majestätische Katze eine wichtige Rolle bei der Aufrechterhaltung des empfindlichen Gleichgewichts in ihrem Lebensraum.

Eine der wichtigsten Beziehungen, die der Amurtiger unterhält, ist die zu seinen Beutetieren, insbesondere zu den Huftieren, die die Taiga bewohnen. Als Raubtier hängt das Überleben des Tigers von der Verfügbarkeit und der Fülle dieser Tiere ab. Indem er die Zahl der Pflanzenfresser in Schach hält, trägt der Amurtiger indirekt dazu bei, eine Überweidung und deren schädliche Auswirkungen auf das Ökosystem der Taiga zu verhindern.

Außerdem beeinflusst der Raubdruck des Tigers das Verhalten und die Verteilung der Beutetiere. Allein die Anwesenheit dieses furchteinflößenden Raubtiers veranlasst Huftiere dazu, ihr Verhalten zu ändern, indem sie ihre Fressgewohnheiten und Aktivitätsgebiete verändern. Diese Umgestaltung der Beutetierdynamik wirkt sich wiederum auf die Wachstumsmuster der Pflanzen und die Verfügbarkeit von Ressourcen für andere Organismen im Ökosystem aus.

Aber nicht nur Huftiere bekommen die Auswirkungen der Anwesenheit des Amurtigers zu spüren; die komplizierten Beziehungen erstrecken sich auf eine ganze Reihe von Arten. So dienen die Kadaver, die ein Tiger erlegt hat, als lebenswichtige Nahrungsquelle für Aasfresser wie den sibirischen Luchs, Wölfe und Vielfraße. Diese kleineren Fleischfresser wiederum profitieren vom Jagderfolg des Tigers.

Auch jenseits von Fleisch und Knochen hat der Amurtiger einen subtilen, aber tiefgreifenden Einfluss auf die Flora der Taiga. So dienen die Reviermarkierungen des Tigers als eine Art Samenverbreitung. Durch sein Kratzen und Reiben an Baumstämmen trägt er unbeabsichtigt dazu bei, die in seinem Fell befindlichen Samen zu verbreiten, und erleichtert so den Transport verschiedener Pflanzenarten innerhalb des Lebensraums.

Neben diesen ökologischen Zusammenhängen haben die beeindruckende Schönheit und die kulturelle Bedeutung des Amurtigers die menschliche Vorstellungskraft seit Jahrhunderten gefesselt. Seine königliche Präsenz schmückt die Folklore, Kunst und Traditionen der in seinem Verbreitungsgebiet lebenden indigenen Gemeinschaften. Der Amur-Tiger wird als Symbol für Stärke, Mut und mystische Macht verehrt und steht an der Schnittstelle zwischen Wildnis und menschlicher Kultur.

Inmitten der Bewunderung und Verehrung ist der Amurtiger jedoch unzähligen Bedrohungen ausgesetzt, die seine Existenz gefährden. Der Verlust von Lebensraum durch Abholzung, Infrastrukturentwicklung und menschliche Eingriffe stellt eine große Herausforderung für das Überleben des Tigers dar. Die Zersplitterung seines Territoriums beeinträchtigt die Fähigkeit, nachhaltige Populationen aufzubauen, und behindert den Genfluss, was zu einer geringeren genetischen Vielfalt führt.

Darüber hinaus verschärft der Klimawandel die Anfälligkeit des Amur-Tigers noch weiter. Allmähliche Veränderungen der Temperatur, der Niederschlagsmuster und der Lebensraumstruktur stören das empfindliche Gleichgewicht, das sich über Jahrhunderte entwickelt hat, und beeinträchtigen sowohl die Beutetierarten als auch den Tiger selbst.

Die vielleicht bedrohlichste und anhaltendste Bedrohung für den Amur-Tiger ist die Wilderei. Trotz strenger Gesetze und Schutzbemühungen ist die illegale Jagd, die durch die Nachfrage nach Tigerteilen für die traditionelle Medizin und den illegalen Handel mit Wildtieren angetrieben wird, weiterhin ein dringendes Problem. In Zusammenarbeit mit den Strafverfolgungsbehörden, lokalen Gemeinschaften und Naturschutzorganisationen werden die Bemühungen zur Bekämpfung dieses illegalen Handels fortgesetzt, angetrieben von dem gemeinsamen Ziel, die Zukunft dieser ikonischen Art zu sichern.

Angesichts solch gewaltiger Herausforderungen ist es wichtig, die bemerkenswerten Fortschritte hervorzuheben, die in den letzten Jahren erzielt worden sind. Regierungen, Organisationen und lokale Gemeinschaften haben sich zusammengetan, um die Lebensräume des Amur-Tigers zu schützen und die Gesetze zur Bekämpfung der Wilderei durchzusetzen. Naturschutzinitiativen wie die Ausweitung von Schutzgebieten, die Einführung von Überwachungstechniken und öffentliche Aufklärungskampagnen sind vielversprechend für das weitere Überleben und die Erholung der Amur-Tiger-Population.

Am Ende dieses Abschnitts bleibt das Rätsel des Amurtigers bestehen und ruft uns dazu auf, die Verantwortung für den Schutz dieser großartigen Kreatur zu übernehmen und das komplexe Lebensgefüge in der Taiga zu bewahren. Nur durch unsere gemeinsamen Anstrengungen können wir das Überleben des Amurtigers für künftige Generationen sichern und es diesem Spitzenraubtier ermöglichen, weiterhin als König der Taiga zu herrschen.

ABSCHNITT 2: LEBENSRAUM UND VERBREITUNGSGEBIET: EIN BLICK IN DIE TAIGA

Der Amurtiger, der auch als sibirischer Tiger bekannt ist, durchstreift die riesige und geheimnisvolle Taiga-Region und gilt als unangefochtenes Spitzenraubtier in dieser unerbittlichen Landschaft. Um das Wesen dieser prächtigen Kreatur wirklich zu begreifen, muss man in ihren einzigartigen und vielfältigen Lebensraum eintauchen und die Anpassungen bewundern, die sie entwickelt hat, um in dieser schwierigen Umgebung zu überleben.

Die Taiga, ein ausgedehntes Biotop, das hauptsächlich aus dichten Nadelwäldern besteht, erstreckt sich über die riesigen Gebiete Russlands und Teile des nordöstlichen Chinas und Nordkoreas. Es ist ein geheimnisumwittertes und faszinierendes Land, das unzähligen Tierarten, darunter dem majestätischen Amurtiger, als Zufluchtsort dient.

Mit einer Fläche von etwa 1,6 Millionen Quadratkilometern umfasst die Taiga eine Reihe ökologischer Zonen, von denen jede dem Amurtiger eine Reihe von Herausforderungen und Chancen bietet. Von den frostigen und abweisenden nördlichen Ausläufern bis zu den milderen und gemäßigteren Regionen im Süden entfaltet sich die Taiga wie ein komplexer Wandteppich, in den eine vielfältige Flora und Fauna eingeflochten ist.

Eines der charakteristischen Merkmale des Lebensraums des Amurtigers ist der dichte Waldbestand, der von Nadelholzriesen wie Fichten, Tannen und Kiefern dominiert wird. Diese hoch aufragenden Bäume bilden ein Blätterdach, das das Sonnenlicht abdämpft und den Waldboden in ein himmlisches Licht taucht. Hier kann sich der Amurtiger verstecken und tarnen - ein Spielplatz für Raubtiere inmitten der Schatten.

Wenn wir tiefer in das Herz der Taiga vordringen, entdecken wir ein verzweigtes Netz von Flüssen, Seen und Sümpfen. Diese Gewässer versorgen den Amurtiger nicht nur mit Nahrung, sondern dienen auch als lebenswichtige Verkehrswege während der Wanderungen. Das Verbreitungsgebiet des Tigers erstreckt sich vom Land bis zum Wasser und gibt ihm die Freiheit, sein Territorium mit unvergleichlicher Anmut und Anpassungsfähigkeit zu durchstreifen.

Auch wenn die Taiga ruhig erscheinen mag, ist sie doch ein Reich der harten Extreme, das seinen Bewohnern unnachgiebige Widerstandsfähigkeit abverlangt. Der Amurtiger hat bemerkenswerte Anpassungen entwickelt, um mit den eisigen Wintern zurechtzukommen, in denen die Temperaturen weit unter den Gefrierpunkt sinken. Sein dickes, isolierendes Fell schützt ihn vor dem beißenden Frost, während seine großen Pfoten, die mit pelzbedeckten Ballen ausgestattet sind, eine mühelose Fortbewegung auf dem eisigen Terrain ermöglichen.

Neben dem unbarmherzigen Klima stellt die Taiga den Amurtiger vor eine weitere große Herausforderung: die begrenzte Verfügbarkeit von Beutetieren. Als Spitzenprädator ist er vor allem auf Huftiere wie Hirsche und Wildschweine angewiesen, um sich zu ernähren. Deren Knappheit in der Taiga zwingt den Amurtiger jedoch dazu, ein geduldiger und strategischer Jäger zu werden.

Mit Tarnkappe und Präzision pirscht sich der Tiger an seine Beute heran, wobei er sich nahtlos in das Unterholz einfügt und sich auf seine scharfen Sinne verlässt, um auch die kleinste Bewegung wahrzunehmen. Sein muskulöser Körperbau, gepaart mit seinem scharfen Seh- und Hörvermögen, gibt ihm das nötige Rüstzeug, um einen erfolgreichen Hinterhalt zu legen. In der unbarmherzigen Taiga heißt es für dieses großartige Raubtier: anpassen oder untergehen.

Nachdem wir soeben den faszinierenden Lebensraum und das Verbreitungsgebiet des Amur-Tigers erkundet haben, beginnen wir zu verstehen, welchen Herausforderungen er sich stellen muss und welche unglaublichen Anpassungen er besitzt. Von den dichten Wäldern bis hin zu den eisigen Weiten streift dieses majestätische Spitzenraubtier mit unübertroffener Autorität und Anmut umher. Doch es gibt noch viel mehr zu enträtseln, wenn wir tiefer in die Geheimnisse der Taiga eindringen und die wahre Natur der Existenz des Amur-Tigers aufdecken.

Das Revier des Amurtigers ist nicht auf den Boden und die dichten Wälder beschränkt, sondern erstreckt sich auch auf den weiten Himmel über der Taiga. In dieser Luftwildnis nimmt der Amurtiger eine neue Perspektive ein, die ihm in seinem ständigen Kampf ums Überleben einen deutlichen

Vorteil verschafft. Das Spitzenraubtier bewegt sich durch die Baumkronen und nutzt seinen muskulösen Körper und seine kräftigen Gliedmaßen, um die hoch aufragenden Nadelbäume zu erklimmen.

Wenn der Amurtiger hoch in die Baumkronen klettert, kann er sein Revier aus der Vogelperspektive überblicken. Von diesem erhöhten Aussichtspunkt aus kann er die Bewegungen potenzieller Beute beobachten, konkurrierende Raubtiere aufspüren und seine Umgebung auf potenzielle Bedrohungen untersuchen. Sein scharfer Blick tastet die Landschaft unter ihm ab und ist so geschärft, dass er selbst die kleinsten Anzeichen von Bewegung wahrnimmt.

Von seinem Sitzplatz auf den Ästen aus wartet der Amurtiger geduldig und fügt sich nahtlos in die Baumkronen ein, wobei sich sein prächtiges orange-schwarz gestreiftes Fell vor dem leuchtenden Laub tarnt. Er ist ein Rätsel, unsichtbar für ahnungslose Beute, bis es zu spät ist. In diesem Reich der Bäume ist der Amurtiger ein Spitzenprädator, der die Oberhand hat.

Doch die Geheimnisse der Taiga liegen nicht nur an Land und in der Luft. Unter der Oberfläche der eisigen Flüsse und Seen wimmelt es nur so von Leben, und der Amurtiger macht sich dieses wässrige Reich zu seinem Vorteil zunutze. Mit seinen außergewöhnlichen Schwimmfähigkeiten bewegt sich der Tiger im Wasser mit Präzision und müheloser Anmut.

Die Flüsse, die die Taiga durchziehen, werden für den Amurtiger zu Kanälen, durch die er sein riesiges Gebiet durchquert. Er wird zu einem aquatischen Raubtier, dessen muskulöser Körper sich mit Leichtigkeit durch die Strömungen schlängelt. Ob er nun auf der Jagd nach Beute ist oder Zuflucht vor Gefahren sucht, die Fähigkeit des Amurtigers, sich an den Lebensraum Wasser anzupassen, verbessert sein Überleben.

Im tiefsten Winter, wenn die Taiga in eine weiße Stille gehüllt ist, wird die Zähigkeit des Amurtigers auf eine harte Probe gestellt. Wenn die Temperaturen sinken und selbst die widerstandsfähigsten Kreaturen sich in ihren Winterschlaf zurückziehen, drängt der Tiger vorwärts, unbeirrt von den eisigen Hindernissen, die vor ihm liegen.

Der beißende Frost nagt an der ungeschützten Haut, aber der Amurtiger ist gut darauf vorbereitet. Sein dichtes, isolierendes und einhüllendes Fell schützt ihn vor dem unerbittlichen Angriff der Kälte. Jede einzelne Fellsträhne ist ein Beweis für die Anpassungsfähigkeit dieses Raubtiers, denn sie speichert die Wärme und bietet Schutz vor den unbarmherzigen Elementen.

Doch die Herausforderungen, denen sich der Amurtiger im Herzen der Taiga stellen muss, sind nicht nur physischer Natur. In einer Landschaft, in der es kaum Beute gibt, muss der Tiger strategische Methoden anwenden, um seinen Lebensunterhalt zu sichern. Er ist ein Meister der Heimlichkeit und Gerissenheit und verlässt sich auf seine Geduld und Intelligenz, um seine Beute zu überlisten.

Mit kalkulierter Präzision geht der Tiger auf lautlose Jagd und pirscht sich mit unvergleichlicher Anmut an seine Beute heran. Er verschmilzt mit dem Unterholz, seine muskulöse Gestalt verschmilzt mit den Schatten, was ihm einen Vorteil verschafft, den nur wenige nachvollziehen können. Die geschärften Sinne des Amurtigers werden zu seinem Kompass, mit dem er selbst das leiseste Rascheln von Schritten oder das leiseste Knirschen von knackenden Zweigen wahrnehmen kann.

In dieser unbarmherzigen Welt diktieren die Naturgesetze, dass nur der Stärkste überleben kann. Die Anwesenheit des Amurtigers in der Taiga ist ein Beweis für seine außergewöhnliche Anpassung und Widerstandsfähigkeit. Seine Herrschaft über diese riesige Wildnis ist eine Erinnerung an das empfindliche Gleichgewicht zwischen Raubtier und Beute.

Am Ende dieses Einblicks in den Lebensraum und das Verbreitungsgebiet des Amur-Tigers bleiben wir in Ehrfurcht vor seiner königlichen Präsenz und seiner tiefgreifenden Anpassungsfähigkeit zurück. In der Taiga, wo das Überleben durch Stärke und Gerissenheit gesichert wird, streift diese majestätische Kreatur mit unendlicher Autorität und Anmut umher.

Aber es gibt noch viel zu entdecken, Geheimnisse, die noch

gelüftet werden müssen. Während wir tiefer in die Geheimnisse der Taiga eindringen, werden wir mehr Licht in die Existenz des Amurtigers bringen, das Rätsel um dieses Spitzenraubtier lüften und die Feinheiten seiner außergewöhnlichen Reise weiter beleuchten.

ABSCHNITT 3: DIE JAGD: MEISTER DER TARNUNG UND STRATEGIE

Den prächtigen Amur-Tiger in Aktion zu erleben, bedeutet, den Inbegriff eines geschmeidigen und mächtigen Raubtiers zu sehen, das in seinen Jagdfähigkeiten unübertroffen ist. Dieses Spitzenraubtier der Wälder verfügt über eine beeindruckende Kombination aus kalkulierter Geduld, einem kraftvollen Sprung und fachkundigen Tarntechniken, die ihn zu einem unvergleichlichen Meister der Tarnung und Strategie machen.

Die Jagdfähigkeiten des Amurtigers beruhen in erster Linie auf seiner unerschütterlichen Geduld. Mit der Präzision eines erfahrenen Strategen kann er stundenlang regungslos verharren, im Schatten verborgen, und die Landschaft mit seinen intensiven bernsteinfarbenen Augen beobachten. Sein muskulöser Körper spannt sich während des Wartens an, jede Sehne ist bereit, im perfekten Moment in Aktion zu treten. Diese Jagdtechnik ist wirklich bemerkenswert, denn der Amurtiger weiß, dass Geduld der Schlüssel zum Erfolg in der unbarmherzigen Welt des Waldes ist.

Der Amurtiger zeichnet sich aber nicht nur durch seine Geduld aus, sondern auch durch seine bemerkenswerte Fähigkeit, sich an seine Umgebung anzupassen und sein Fell in ein Meisterwerk der Tarnung zu verwandeln. Die üppigen Wälder, die seine Heimat sind, dienen ihm als natürliche Leinwand, und sein Fell passt sich dementsprechend an und nimmt Schattierungen von Goldorange und tiefem Rotbraun an. Dank dieser raffinierten Tarnung kann der Tiger nahtlos mit seiner Umgebung verschmelzen und ist für seine ahnungslose Beute praktisch unsichtbar. Mit jedem kalkulierten Schritt bewegt er sich verstohlen durch das Unterholz, ein wahres Phantom des Waldes.

Wenn der Amurtiger schließlich beschließt, dass es an der Zeit ist, zuzuschlagen, zeigt er eine weitere Waffe in seinem

Arsenal: den kraftvollen Sprung. Während er mit explosiver Kraft vorwärts springt, ist eine unbestreitbare Anmut in seinen Bewegungen zu spüren. Seine kräftigen Hinterbeine treiben seinen massigen Körper vorwärts, so dass er mit einem einzigen Satz bis zu zehn Meter zurücklegen kann. In Sekundenschnelle schließt es die Lücke zwischen sich und seiner Beute und lässt ihr keine Zeit zur Flucht. Seine muskulösen Vorderbeine stürzen mit außergewöhnlicher Kraft herab und halten das unglückliche Opfer wie ein Schraubstock fest. Die Wucht seines Angriffs ist überwältigend und setzt oft selbst die größte Beute sofort außer Gefecht.

Man könnte annehmen, dass ein so unerbittliches und furchterregendes Raubtier nicht in der Lage ist, subtil zu jagen, sondern sich ausschließlich auf rohe Gewalt verlässt. Der Amur-Tiger widerspricht dieser Erwartung jedoch mit seiner raffinierten und feinfühligen Jagdtechnik. Er manövriert sich geschickt durch den Wald und gibt dabei kaum einen Laut von sich. Seine gepolsterten Pfoten berühren lautlos den Boden und ermöglichen es ihm, sich unbemerkt von Beutetieren und konkurrierenden Raubtieren zu bewegen. Diese Tarnkappe und die Tatsache, dass der Tiger von Natur aus ein Einzelgänger ist, verschaffen ihm einen einzigartigen Vorteil in der Kunst der Jagd.

Je tiefer wir in die Jagdfähigkeiten des Amurtigers eindringen, desto mehr staunen wir über die fein abgestimmten Instinkte, die ihn zum ultimativen Spitzenraubtier gemacht haben. Im Laufe der Geschichte haben diese prächtigen Kreaturen ihre Taktiken weiterentwickelt, sich an die sich ständig verändernde Landschaft angepasst und sind zu Meistern der Tarnung und Strategie geworden. Einen Amurtiger zu beobachten, der sich lautlos an seine Beute heranpirscht und sich dabei im Schatten verbirgt, ist ein Zeugnis für die perfekte Planung der Natur.

Doch was dann geschieht, wenn der Tiger sich dem Höhepunkt seiner kalkulierten Jagd nähert, ist ein Geheimnis, das noch gelüftet werden muss. Im zweiten Teil dieses

Abschnitts werden die letzten Momente der Jagd des Amurtigers enthüllt - ein komplizierter Tanz zwischen Raubtier und Beute - in dem die Geheimnisse seiner unvergleichlichen Jagdfähigkeiten zum Tragen kommen. Es ist ein Schauspiel von roher Kraft, Präzision und dem empfindlichen Gleichgewicht zwischen Leben und Tod.

Also, liebe Leserinnen und Leser, halten wir noch eine Weile den Atem an, während die Geschichte des Amurtigers weitergeht und die Jagd ihren Höhepunkt erreicht: Als die Sonne über dem riesigen Territorium des Amurtigers unterzugehen beginnt, wird der Wald von einer unheimlichen Stille eingehüllt. Ungesehen von den zahllosen Augen, die ihn aus dem Schatten heraus beobachten, setzt das Spitzenraubtier seine kalkulierte Verfolgung fort. Jede Faser seines Wesens ist auf die Jagd eingestellt, geschliffen durch jahrelange evolutionäre Verfeinerung.

Bei jedem Schritt strahlt der Amur-Tiger eine paradoxe Mischung aus Kraft und Anmut aus. Sein massiver Körper bewegt sich mit unvergleichlicher Agilität und navigiert mühelos durch das labyrinthische Unterholz. Unsichtbar gleitet sein geschmeidiger Körper durch den Wald und hinterlässt keine Spur seines Vorübergehens.

Die letzten Momente der Jagd nähern sich, wie der letzte Akt einer Symphonie. Die Augen des Amurtigers verengen sich und verraten eine unerbittliche Konzentration, während er sich seiner ahnungslosen Beute nähert. Seine Instinkte schärfen sich, während Raubtier und Beute einen delikaten Tanz vollführen, in dem ihre Leben durch den grausamen Kreislauf der Natur miteinander verwoben sind.

Und dann, als ob der Wald selbst den Atem anhält, stürzt sich der Amurtiger nach vorne. In einer einzigen fließenden Bewegung entfesselt er den Höhepunkt seiner minutiösen Strategie. Seine kräftigen Hinterbeine treiben ihn vorwärts, die Muskeln kräuseln sich mit einer kinetischen Energie, der man nicht widerstehen kann.

Lautlos, aber mit einer unaufhaltsamen Kraft, saust der

Tiger durch die Luft. Der Abstand zwischen Raubtier und Beute verringert sich rasch, bis sie nur noch Zentimeter voneinander entfernt sind. In diesem Sekundenbruchteil, während die Welt den Atem anhält, fährt der Amurtiger seine rasiermesserscharfen Krallen aus, bereit, mit tödlicher Präzision zuzuschlagen.

Der Moment ist ein exquisites Paradoxon aus Schönheit und Brutalität. Der Angriff des Tigers ist schnell, effizient und - vor allem - unausweichlich. Seine Krallen zerreißen das Fleisch und bohren sich tief in den weichen Unterleib seines Opfers. Die Beute windet sich in einem vergeblichen Versuch, sich zu befreien, aber der Griff des Amur-Tigers ist unnachgiebig.

In ihrem elementaren Kampf ums Überleben scheint die Zeit langsamer zu vergehen. Eine urtümliche Symphonie aus Knurren und Knurren erfüllt die Luft und hallt wie ein unheimlicher Chor durch den Wald. Das einstige Leben in den Augen der Beute verblasst und wird durch eine hohle Leere ersetzt. Der Kreis des Lebens schließt sich, und der Amurtiger erringt seinen hart errungenen Sieg.

Mit dem Gefühl wohlverdienter Genugtuung schwelgt der Tiger in der Beute seines Triumphs. Seine mächtigen Kiefer reißen sich in das Fleisch, angetrieben von einem Heißhunger, der aus der Notwendigkeit des Überlebens erwächst. In diesem Moment wird der Jäger zum Versorger und verzehrt seine Beute, um seine eigene Existenz zu sichern.

Nach der Jagd kehrt der Wald zu seiner Symphonie des Flüsterns zurück. Der Amurtiger, der nun gesättigt ist, zieht sich in den Schatten zurück, wo er erneut auf der Lauer liegen wird. Seine bernsteinfarbenen Augen glänzen mit einer ursprünglichen Intelligenz, immer wachsam, immer bereit für den nächsten Moment des Triumphs.

Wenn die Geschichte der Jagd auf den Amurtiger ihren Höhepunkt erreicht, werden wir von dem empfindlichen Gleichgewicht zwischen Raubtier und Beute beeindruckt. Wir werden Zeuge der unnachgiebigen Kraft des Spitzenraubtiers, der Verkörperung des perfekten Designs der Natur. In diesem

Reich, in dem Leben und Tod miteinander verwoben sind, hat der Amurtiger die Oberhand - ein Meister der Tarnung, der Strategie und des ewigen Tanzes zwischen zwei Kräften, die dazu bestimmt sind, aufeinander zu prallen.

Aber die Geheimnisse des Amur-Tigers sind hier noch nicht zu Ende. Der Wald birgt noch immer unerzählte Geschichten, Schlachten, die noch geschlagen werden müssen, und Siege, die darauf warten, errungen zu werden. Wenn wir uns von diesem Abschnitt verabschieden, sollten wir den tiefen Respekt vor dem Amur-Tiger mitnehmen, einer Kreatur, die den unnachgiebigen Geist des unnachgiebigen Reiches der Natur verkörpert.

Im nächsten Abschnitt dieser Reise werden wir das Rätsel des Amur-Tigers noch weiter ergründen, indem wir uns in seine Höhle wagen und die Komplexität seiner einsamen Existenz enträtseln. Bis dahin soll das Echo der Jagd in unseren Köpfen nachhallen, ein Zeugnis für die unübertroffene Kraft des majestätischen Amur-Tigers - dem unübertroffenen Spitzenraubtier des Waldes.

ABSCHNITT 4: ERHALTUNGSMASSNAHMEN: RETTUNG EINER ART AM RANDE DES ABGRUNDS

Im Laufe der Geschichte hat es zahlreiche Fälle gegeben, in denen der Mensch Tierarten an den Rand des Aussterbens gebracht hat. Der Amur-Tiger, auch bekannt als Sibirischer Tiger, ist ein gutes Beispiel für diese vom Menschen verursachte Bedrohung. In den letzten Jahren sind jedoch engagierte Schutzbemühungen entstanden, um diese majestätische Kreatur zu schützen und ihr eine gedeihliche Zukunft zu sichern.

Die Erhaltung des Lebensraums spielt eine entscheidende Rolle für die Erhaltung des Amur-Tigers. Die Amur-Heilong-Region, die sich über den Fernen Osten Russlands und Teile Nordostchinas erstreckt, umfasst den verbleibenden Lebensraum des Tigers. Das Gebiet zeichnet sich durch eine außergewöhnliche Artenvielfalt aus, die durch üppige Wälder, unberührte Flüsse und eine Vielzahl von Beutetierarten gekennzeichnet ist. In Anerkennung der Bedeutung dieses Lebensraums haben Organisationen und Regierungen der Einrichtung von Schutzgebieten und Nationalparks Vorrang eingeräumt, um den Lebensraum des Amur-Tigers zu schützen.

Eine dieser Initiativen ist das Engagement der russischen Regierung für die Schaffung und Ausweitung von Schutzgebieten. Schutzgebiete sind lebenswichtige Zufluchtsorte für den Amur-Tiger, die ihm ungestörte Räume zum Durchstreifen, Jagen und Brüten bieten. Der Leoparden-Nationalpark und das Sikhote-Alin-Naturreservat sind zwei wichtige Beispiele für Schutzgebiete, die den Lebensraum des Amur-Tigers bewahren sollen. Diese Schutzgebiete bieten nicht nur unmittelbaren Schutz für die Tiger, sondern sichern auch das langfristige Überleben der Art, indem sie ihre Brutstätten schützen.

Initiativen zur Bekämpfung der Wilderei haben sich ebenfalls als wirksame Instrumente im Arsenal des Naturschutzes erwiesen. Die Wilderei ist nach wie vor eine ernste Bedrohung für den Amur-Tiger, die auf die hohe Nachfrage nach seinen Körperteilen im illegalen Wildtierhandel zurückzuführen ist. Um diese illegalen Aktivitäten zu bekämpfen, haben sich Naturschutzorganisationen, Regierungen und lokale Gemeinschaften zusammengetan, um robuste Strategien zur Bekämpfung der Wilderei umzusetzen.

Es wurden spezialisierte Einheiten zur Bekämpfung der Wilderei eingerichtet, die über die notwendige Ausbildung und die erforderlichen Mittel verfügen, um die Wilderei wirksam zu bekämpfen. Diese Einheiten setzen fortschrittliche Überwachungstechniken wie Kamerafallen und Drohnen ein, um Wilderer zu überwachen und abzuschrecken. Indem sie den Lebensraum des Tigers genau überwachen und mit den Strafverfolgungsbehörden zusammenarbeiten, spielen diese Teams eine entscheidende Rolle beim Schutz des Amur-Tigers vor den Fängen der Wilderer.

Zusätzlich zu diesen Bemühungen haben sich Initiativen, die sich auf die Einbeziehung der Bevölkerung konzentrieren, als entscheidend für die Erhaltung des Amur-Tigers erwiesen. Lokale Gemeinschaften, die in unmittelbarer Nähe zum Lebensraum des Tigers leben, sind wichtige Akteure auf dem Weg zur Erhaltung des Tigers. Ihre genaue Kenntnis des Landes, ihrer Traditionen und kulturellen Werte macht ihr Engagement unverzichtbar.

Die lokalen Gemeinschaften sind wichtige Augen und Ohren vor Ort und liefern wertvolle Informationen über mögliche Bedrohungen und Wilderei. Darüber hinaus befähigen verschiedene Schutzprogramme die Gemeinden, sich aktiv am Schutz des Amur-Tigers und seines Lebensraums zu beteiligen. Zu diesen Programmen gehören Projekte zur Schaffung alternativer Einkommensmöglichkeiten, die den Konflikt zwischen Mensch und Wildtier entschärfen und gleichzeitig die Armut lindern. Durch die Einbeziehung der Gemeinden fördern die Naturschützer ein Gefühl der Eigenverantwortung und des Verantwortungsbewusstseins und sichern so die für das Überleben des Tigers notwendige Beteiligung.

Zum Ende der ersten Hälfte dieses Abschnitts wird deutlich, dass eine Vielzahl von Bemühungen zum Schutz des bedrohten Amurtigers unternommen wird. Von der Erhaltung des Lebensraums über Maßnahmen zur Bekämpfung der Wilderei bis hin zur Einbindung der Bevölkerung signalisieren diese Initiativen ein kollektives Engagement, um das Überleben und eine erfolgreiche Zukunft dieses Spitzenraubtiers zu sichern.

Die Herausforderungen, die vor uns liegen, sind jedoch nach wie vor gewaltig. In der zweiten Hälfte dieses Abschnitts tauchen wir tiefer in die Feinheiten der Schutzbemühungen ein und erforschen die innovativen Strategien, die eingesetzt werden, um Hürden zu überwinden und einen Weg in eine bessere Zukunft für den Amur-Tiger zu finden. Machen Sie sich auf eine fesselnde Reise gefasst, denn der Kampf um die Rettung dieser bemerkenswerten Kreatur tritt in eine kritische Phase ein. In der zweiten Hälfte dieses Abschnitts werden die Feinheiten der Schutzbemühungen und die innovativen Strategien zur Überwindung der Hürden und zur Sicherung einer besseren Zukunft für den Amur-Tiger näher beleuchtet.

Eine der größten Herausforderungen beim Schutz des Amur-Tigers ist der Konflikt zwischen Mensch und Wildtier. Da sich die menschliche Bevölkerung ausbreitet und immer weiter in die Lebensräume der Tiger vordringt, kommt es zu Konflikten, da die Tiger gelegentlich Vieh erbeuten oder sich in menschliche Siedlungen wagen. Die Bewältigung dieses Problems erfordert ein empfindliches Gleichgewicht zwischen den Bedürfnissen der lokalen Gemeinschaften und dem Schutz des größten Raubtiers der Welt.

Um den Konflikt zwischen Mensch und Wildtier zu entschärfen, haben Naturschutzorganisationen in Zusammenarbeit mit Regierungen und lokalen Gemeinschaften innovative Lösungen entwickelt. Projekte zum Bau von räubersicheren Tiergehegen oder zur Einführung von Entschädigungsregelungen für Landwirte, die von Tigerraubtieren betroffen sind, haben vielversprechende Ergebnisse gezeigt. Durch die Bereitstellung praktischer Unterstützung und die Bewältigung der wirtschaftlichen Auswirkungen des Zusammenlebens mit Tigern fördern diese Initiativen das Verständnis und die Zusammenarbeit zwischen den Menschen und diesen großartigen Tieren.

Ein weiterer wichtiger Aspekt der Schutzbemühungen ist die komplexe Beziehung zwischen dem Amurtiger und seinen Beutetieren. Für das Überleben und die erfolgreiche Fortpflanzung des Tigers ist die Verfügbarkeit von ausreichend Beutetieren unerlässlich. Leider haben die Zerstörung von Lebensräumen und die Überjagung den Bestand an Beutetieren in einigen Gebieten drastisch reduziert. Um dem entgegenzuwirken, haben Naturschützer Programme ins Leben gerufen, die sich auf die Wiederherstellung der Beutetierpopulationen und die Aufwertung wichtiger Lebensräume konzentrieren.

Ein innovativer Ansatz, der sich immer mehr durchsetzt, ist das Konzept des "rewilding". Bei diesem Konzept werden wichtige Beutetierarten wie Hirsche und Wildschweine in

Gebieten wieder angesiedelt, in denen ihre Populationen stark zurückgegangen sind. Durch die Wiederansiedlung dieser Arten und die Umsetzung von Maßnahmen zum Schutz ihrer Lebensräume wollen Naturschützer ein ausgewogenes Ökosystem wiederherstellen und gleichzeitig eine nachhaltige Nahrungsquelle für den Amur-Tiger schaffen.

Darüber hinaus hat der technologische Fortschritt eine entscheidende Rolle bei der Verbesserung der Schutzbemühungen für dieses Spitzenraubtier gespielt. Moderne Instrumente wie Satellitenortungssysteme und genetische Forschung haben wertvolle Einblicke in das Verhalten, die Bewegungsmuster und die genetische Vielfalt des Amur-Tigers ermöglicht. Diese Daten sind entscheidend für die Entwicklung wirksamerer Schutzstrategien, die auf die besonderen Bedürfnisse der Amurtigerpopulation zugeschnitten sind.

Durch den Einsatz von Satellitenhalsbändern können Forscher die Bewegungen einzelner Tiger verfolgen und Daten über ihr Verbreitungsgebiet, ihre bevorzugten Lebensräume und mögliche Engpässe sammeln. Anhand dieser Informationen können Naturschützer kritische Korridore identifizieren, die fragmentierte Tigerlebensräume miteinander verbinden und so ihre sichere Bewegung und den genetischen Austausch erleichtern.

Darüber hinaus hat die genetische Forschung Aufschluss über die genetische Gesundheit und Vielfalt der Amur-Tiger-Population gegeben. Dieses Wissen ist von entscheidender Bedeutung für die Entwicklung von Zuchtprogrammen, die das langfristige Überleben der Art sichern sollen. Zentren für die Zucht in Gefangenschaft spielen in Zusammenarbeit mit Zoos eine wichtige Rolle bei der Erhaltung der genetischen Vielfalt und dienen als potenzielle Quellen für die Wiederansiedlung in freier Wildbahn, wenn dies erforderlich ist.

Obwohl die Bemühungen um den Schutz des Tigers in den letzten Jahren erhebliche Fortschritte gemacht haben, steht das Überleben des Amur-Tigers noch immer auf der

Kippe. Kontinuierliches Engagement, Zusammenarbeit und Innovation sind unerlässlich, um die verbleibenden Hindernisse zu überwinden und diesem großartigen Raubtier eine blühende Zukunft zu sichern.

Zusammenfassend lässt sich sagen, dass die Erhaltung des Amur-Tigers ein vielschichtiges und komplexes Unterfangen ist, das gemeinsame Anstrengungen von Regierungen, Organisationen, lokalen Gemeinschaften und Einzelpersonen gleichermaßen erfordert. Indem wir der Erhaltung des Lebensraums Priorität einräumen, robuste Maßnahmen zur Bekämpfung der Wilderei ergreifen, das Engagement der Gemeinden fördern, Konflikte zwischen Mensch und Wildtier angehen, die Beutetierpopulationen wiederherstellen und technologische Fortschritte nutzen, können wir den Weg in eine bessere Zukunft für diese bedrohte Art ebnen.

Am Ende dieses Abschnitts wird deutlich, dass der Kampf zur Rettung des Amur-Tigers weitergeht, aber es gibt Hoffnung. Das Engagement und die Zusammenarbeit derjenigen, die an den Schutzbemühungen beteiligt sind, stimmen optimistisch, dass der Amur-Tiger noch über Generationen hinweg in seiner Waldheimat leben wird.

ABSCHNITT 5: KOEXISTENZ MIT DEM MENSCHEN: DAS STREBEN NACH GLEICHGEWICHT

Die Beziehung zwischen dem majestätischen Amur-Tiger und den menschlichen Gemeinschaften ist eine sehr komplizierte Angelegenheit. Es ist ein ständiger Kampf um eine harmonische Koexistenz, die das Überleben beider Arten sichert. In dem Maße, wie der Mensch immer weiter in das Gebiet des Tigers eindringt, entstehen Herausforderungen, die unsere Aufmerksamkeit und unsere gemeinsamen Anstrengungen erfordern.

Der Amur-Tiger, auch als Sibirischer Tiger bekannt, ist die größte noch lebende Tigerart der Welt. Diese prächtigen Tiere leben in den zerklüfteten Wäldern des russischen Fernen Ostens, insbesondere in den Regionen Primorski und Chabarowsk. Die weiten Landschaften, in denen sie zu Hause sind, haben eine wachsende menschliche Bevölkerung und eine steigende Nachfrage nach Land, Ressourcen und

Lebensgrundlagen erlebt.

Eine der größten Herausforderungen für die Koexistenz von Amurtigern und Menschen ist der Konflikt um Raum. Wenn sich Gemeinden ausbreiten, dringen sie unwissentlich in den natürlichen Lebensraum des Tigers ein, zerstückeln sein Revier und stören das ökologische Gleichgewicht. Infolgedessen werden die Tiger oft in kleinere, isolierte Gebiete der Wildnis gezwungen, was zu einem verstärkten Wettbewerb um begrenzte Ressourcen und zu vermehrten Konflikten mit dem Menschen führt.

Der Konflikt zwischen Mensch und Tiger äußert sich in verschiedenen Formen, wobei eines der bekanntesten Probleme der Raub von Nutztieren ist. Wenn Tiger in ihren schrumpfenden Territorien umherstreifen, kommen sie natürlich mit Haustieren in Kontakt, was manchmal zu verheerenden Verlusten für die lokalen Gemeinschaften führt. Dies führt verständlicherweise zu Vergeltungsmaßnahmen, die durch Angst und wirtschaftliche Folgen ausgelöst werden.

Im Laufe der Jahre wurden zahlreiche Anstrengungen unternommen, um diese Konflikte zu entschärfen und den Weg für eine nachhaltigere Koexistenz zu ebnen. Naturschutzorganisationen, Wildtierexperten und lokale Gemeinschaften haben sich zusammengetan, um innovative Lösungen zu finden, die sowohl das Wohlergehen der Menschen als auch den Schutz der Tiger in den Vordergrund stellen. Eine solche Initiative umfasst die Einführung von Viehversicherungsprogrammen, die Landwirte für ihre Verluste entschädigen und so die wirtschaftliche Belastung durch Tigerraubtiere verringern.

Darüber hinaus haben gemeindebasierte Schutzprojekte vielversprechende Ergebnisse bei der Förderung eines gemeinsamen Verantwortungsgefühls und eines tieferen Verständnisses für die Bedeutung des Schutzes dieser herausragenden Raubtiere gezeigt. Die Aufklärung lokaler Gemeinschaften über die Bedeutung von Tigern für die Gesunderhaltung des Ökosystems ist entscheidend für die

Förderung der Koexistenz und die Unterstützung von Schutzmaßnahmen.

Ein weiterer Aspekt, der zu einer ausgewogenen Koexistenz beiträgt, ist die Gewährleistung einer ausreichenden Beute für Amur-Tiger. Tiger brauchen weite, unberührte Wälder und reichlich Beutetiere, um zu gedeihen. Durch den Schutz und die Wiederherstellung wichtiger Tigerlebensräume sichern wir nicht nur die Zukunft dieser majestätischen Tiere, sondern auch die ökologische Integrität der umliegenden Landschaften.

Die Zusammenarbeit zwischen Regierungen, Naturschutzorganisationen und lokalen Gemeinschaften hat zu positiven Ergebnissen geführt. Die Einrichtung von Schutzgebieten wie dem Sikhote-Alin-Reservat und dem Land of the Leopard National Park hat dem Amur-Tiger und anderen gefährdeten Wildtierarten einen Zufluchtsort verschafft. Strenge Maßnahmen zur Bekämpfung der Wilderei und verstärkte Patrouillen in diesen Gebieten haben die Bedrohung durch die illegale Jagd erheblich verringert und den Tigern die Chance gegeben, sich zu erholen und ihre Populationen zu vergrößern.

Es wurden zwar Fortschritte erzielt, aber das Streben nach einer ausgewogenen Koexistenz ist nach wie vor mit Herausforderungen verbunden. Das Vordringen menschlicher Siedlungen, der illegale Handel mit Wildtieren und der Klimawandel drohen die bisher unternommenen Anstrengungen zu untergraben. Ein fortgesetztes Engagement in den Bereichen Naturschutz, Forschung und gesellschaftliches Engagement ist unerlässlich, um die Zukunft der Amurtiger zu sichern und eine nachhaltige Zukunft für Menschen und Wildtiere zu gewährleisten.

Der Weg zu einer harmonischen Koexistenz zwischen Menschen und Amurtigern ist ein Beweis für unsere gemeinsame Verantwortung. Sie erfordert die Anerkennung des komplizierten Netzes von Verbindungen, die uns mit der natürlichen Welt verbinden, und die Bedeutung des Schutzes unserer gemeinsamen Heimat. In der zweiten Hälfte dieses

Abschnitts werden wir uns eingehender mit den laufenden Bemühungen und innovativen Lösungen befassen, die den Schlüssel zum Umgang mit dieser heiklen Allianz darstellen. Doch bis dahin bleiben die Geheimnisse und Herausforderungen bestehen und mahnen uns, eine Zukunft anzustreben, in der sowohl Menschen als auch Amurtiger Seite an Seite gedeihen können.

Je tiefer wir in die Komplexität der Koexistenz zwischen Menschen und dem majestätischen Amurtiger eindringen, desto deutlicher wird, dass nachhaltige Lösungen kreatives Denken und kontinuierliches Engagement erfordern. Die Bemühungen um die Bewältigung der Herausforderungen in dieser heiklen Allianz beschränken sich nicht auf einen einzigen Ansatz, sondern umfassen eine Reihe innovativer Strategien, die darauf abzielen, ein Gleichgewicht zu finden.

Um das Problem der Konflikte zwischen Menschen und Tigern anzugehen, ist es von entscheidender Bedeutung, alternative Lebensgrundlagen zu fördern, die den wirtschaftlichen Druck auf die lokalen Gemeinschaften mindern. Durch die Diversifizierung der Einkommensquellen und die Verringerung der Abhängigkeit von den Ressourcen in den Tigerlebensräumen können wir die Notwendigkeit eines Eingriffs in den Lebensraum verringern und das Konfliktpotenzial minimieren. Dazu gehört auch die Unterstützung von Ökotourismus-Initiativen, die wirtschaftliche Möglichkeiten bieten und gleichzeitig das Bewusstsein für die Bedeutung des Schutzes des Amur-Tigers und seines Lebensraums schärfen. Indem wir Touristen zu verantwortungsvollen Praktiken bei der Beobachtung von Wildtieren anregen, können wir sicherstellen, dass die wirtschaftlichen Vorteile auf harmonische Weise erzielt werden, die das Wohlergehen von Menschen und Tigern gleichermaßen gewährleistet.

Bildung und Sensibilisierung müssen weiterhin im Mittelpunkt der Erhaltungsbemühungen stehen. Die Vermittlung von Wissen an die Bevölkerung fördert nicht nur ein tieferes Verständnis für die ökologische Bedeutung des Amurtigers, sondern auch ein Gefühl der Verantwortung und Mitverantwortung. Durch die Zusammenarbeit mit lokalen Schulen und Organisationen können wir Umweltbildungsprogramme entwickeln, die ein Gefühl des Stolzes auf den Schutz dieser herausragenden Raubtiere vermitteln. Die Förderung der Teilnahme an wissenschaftlichen Bürgerinitiativen, wie z. B. Tigerüberwachungs- und -forschungsprogrammen, kann ebenfalls ein Gefühl der Eigenverantwortung und der Einbeziehung in den Erhaltungsprozess fördern.

Partnerschaften zwischen Regierungen, Naturschutzorganisationen und lokalen Gemeinschaften spielen eine zentrale Rolle, wenn es darum geht, ein nachhaltiges Gleichgewicht zwischen menschlichen Aktivitäten und dem Schutz von Tigern zu erreichen. Diese Zusammenarbeit ermöglicht die gemeinsame Nutzung von Ressourcen, Fachwissen und Perspektiven, die für eine wirksame Entscheidungsfindung und Umsetzung von Schutzmaßnahmen erforderlich sind. Indem wir die lokalen Gemeinschaften in die Planung und Verwaltung von Schutzgebieten einbeziehen, können wir sicherstellen, dass ihre Stimmen gehört werden, ihre Bedürfnisse berücksichtigt werden und ihr traditionelles Wissen in die Erhaltungsstrategien integriert wird. Dieser kooperative Ansatz fördert das Gefühl der Eigenverantwortung und schafft Anreize für die Gemeinden, sich aktiv am Schutz der Tigerlebensräume zu beteiligen.

Der technologische Fortschritt hat neue Wege für die Erhaltungsbemühungen eröffnet. Fernerkundungsinstrumente, Kamerafallen und DNA-Analysetechniken haben unser Verständnis der Tigerpopulationen revolutioniert und helfen uns, potenzielle Korridore für die Vernetzung und Gebiete zu identifizieren, die für Konflikte zwischen Mensch und Tiger anfällig sind. Mithilfe dieser Instrumente können wir fundierte Entscheidungen in Bezug auf die Landnutzungsplanung, die Wiederherstellung von Lebensräumen und menschliche Siedlungsmuster treffen. Darüber hinaus bieten Satellitenbilder und georäumliche Analysen wertvolle Einblicke in die Auswirkungen der Infrastrukturentwicklung und helfen bei der Entwicklung von Strategien, die die Fragmentierung von Lebensräumen und die Unterbrechung der Bewegungsfreiheit von Tigern minimieren.

Der Klimawandel stellt eine gewaltige Herausforderung für die Zukunft der Amurtiger dar, da er ihre Lebensräume zu verändern droht und sich auf die Verfügbarkeit von Beutetieren auswirkt. Die Abschwächung der Auswirkungen des Klimawandels und die Gewährleistung der Widerstandsfähigkeit von Mensch und Tiger erfordern konzertierte Anstrengungen auf globaler Ebene. Der Übergang zu nachhaltigen Landnutzungspraktiken, die Verringerung der Kohlenstoffemissionen und die Berücksichtigung des Klimawandels in der Naturschutzplanung sind wesentliche Schritte zur Sicherung einer Zukunft, in der beide Arten gedeihen können.

Zusammenfassend lässt sich sagen, dass das Erreichen einer harmonischen Koexistenz zwischen Menschen und Amurtigern unser unermüdliches Engagement und gemeinsames Handeln erfordert. Durch die Umsetzung eines vielschichtigen Ansatzes, der alternative Lebensgrundlagen, Bildung, Partnerschaften, Technologie und Klimaresistenz umfasst, können wir die Komplexität dieser heiklen Allianz meistern. Unsere kollektive Verantwortung reicht über die Grenzen unserer eigenen Spezies hinaus und umfasst auch die Verbindungen, die uns mit der natürlichen Welt verbinden. Durch unser Handeln können wir den Weg für eine Zukunft ebnen, in der sowohl die Menschen als auch die Amurtiger nicht nur überleben, sondern Seite an Seite gedeihen und die Unversehrtheit unserer gemeinsamen Heimat für kommende Generationen sicherstellen.

KAPITEL 9: DER BALINESISCHE TIGER (AUSGESTORBEN)

ABSCHNITT 1: DER PRÄCHTIGE BALINESISCHE TIGER

Erforschen Sie die außergewöhnlichen Eigenschaften und die fesselnde Geschichte des balinesischen Tigers, eines majestätischen Tieres, das heute leider ausgestorben ist.

In den dichten Regenwäldern von Bali streifte vor Jahrhunderten ein Wesen umher, das eine Aura von Majestät und Macht ausstrahlte. Der balinesische Tiger, wissenschaftlich bekannt als Panthera tigris balica, war ein Symbol für Stärke und Schönheit. Seine charakteristischen Merkmale und seine bemerkenswerte Geschichte haben einen unauslöschlichen Eindruck in den Annalen der Tierwelt hinterlassen.

Der balinesische Tiger besaß, wie seine Gegenstücke auf der ganzen Welt, eine unvergleichliche physische Präsenz. Er war eine große Raubkatze, die von der Nase bis zum Schwanz bis zu 10 Fuß lang war und über 300 Pfund wog. Ihr Fell war ein faszinierendes Ensemble aus orange-roten Streifen, die anmutig über ein gelbbraunes Fell fielen. Diese bemerkenswerte Zeichnung ermöglichte es ihr, mit ihrer Umgebung zu verschmelzen, was ihr bei der Jagd einen unauffälligen Vorteil verschaffte.

Der für seine Beweglichkeit bekannte balinesische Tiger besaß starke Beine und einen flexiblen Körper, der es ihm ermöglichte, sich mühelos durch das labyrinthische Unterholz des balinesischen Regenwaldes zu bewegen. Seine gut ausgeprägten Muskeln, die durch jahrelange Beutejagd geschärft wurden, trieben ihn mit Anmut und Geschmeidigkeit voran. Mit einem mächtigen Sprung konnte er sich auf sein ahnungsloses Ziel stürzen und zeigte dabei eine bemerkenswerte Kombination aus Kraft und Präzision.

Der balinesische Tiger war nicht nur ein Wunder an körperlicher Kraft, sondern auch ein Geschöpf mit tiefer kultureller Bedeutung. Diese majestätische Raubkatze wurde vom alten balinesischen Volk verehrt und hatte die Rolle eines heiligen Wächters übernommen. Man glaubte, dass er eine spirituelle Verbindung mit dem Land und den Menschen hatte und die Stärke und Widerstandsfähigkeit der balinesischen Gemeinschaft verkörperte.

Leider ist auch die Geschichte des balinesischen Tigers eine Tragödie. Die europäische Kolonialisierung und die unaufhaltsame Ausbreitung des Menschen führten zu einem raschen Rückgang dieser großartigen Kreatur. Als die einst riesigen balinesischen Regenwälder der Landwirtschaft, der Abholzung und der Verstädterung wichen, begann der Lebensraum des Tigers zu schrumpfen. Das Vordringen in sein Territorium und die Jagd für Sport und traditionelle Medizin haben dem balinesischen Tiger ein trauriges Schicksal beschert.

Mitte des 20. Jahrhunderts stand die balinesische Tigerpopulation am Rande der Ausrottung. Es wurden Anstrengungen zum Schutz und zur Erhaltung dieser majestätischen Kreatur unternommen, aber diese Bemühungen erwiesen sich als vergeblich. Das letzte Mal wurde der balinesische Tiger in den 1930er Jahren gesichtet, und seither gilt er offiziell als ausgestorben. Das vorzeitige Aussterben dieser bemerkenswerten Spezies ist eine feierliche Erinnerung an die Folgen menschlichen Handelns für die empfindlichen Ökosysteme, die uns umgeben.

Doch selbst wenn er ausgestorben ist, bleibt das Vermächtnis des balinesischen Tigers bestehen. Die Erinnerung an ihn lebt im Herzen der Balinesen weiter, die seinen Geist weiterhin ehren und sich dem Schutz der verbleibenden Wildtiere widmen. Gleichzeitig arbeiten Wissenschaftler unermüdlich daran, die Geheimnisse dieser rätselhaften Kreatur zu lüften, wobei sie sich auf die wenigen Aufzeichnungen und Relikte stützen, die den Lauf der Zeit überlebt haben.

In der zweiten Hälfte dieses Abschnitts erfahren Sie mehr über die faszinierende Geschichte des balinesischen Tigers, seine Jagdfähigkeiten, sein einzigartiges Verhalten und seine Rolle in der balinesischen Kultur. Lassen Sie sich in eine Zeit zurückversetzen, in der diese außergewöhnliche Kreatur die Wildnis durchstreifte und den Inbegriff von Kraft und Anmut verkörperte. Bleiben Sie dran für die bemerkenswerten Enthüllungen, die vor Ihnen liegen, wenn wir den Schleier der Zeit lüften und die Welt des balinesischen Tigers wieder zum Leben erwecken... In der zweiten Hälfte dieses Abschnitts tauchen wir tiefer in die fesselnde Geschichte des balinesischen Tigers und die faszinierenden Geschichten über seine Jagdfähigkeiten, sein einzigartiges Verhalten und seine Rolle in der balinesischen Kultur ein.

Die Jagdtechniken des balinesischen Tigers waren geradezu ehrfurchtgebietend. Mit seiner außergewöhnlichen Beweglichkeit und seinem ausgeprägten Instinkt war er in den Regenwäldern von Bali ein furchterregendes Raubtier. Die dichte Vegetation diente ihm sowohl als Tarnung als auch als Jagdgebiet, so dass sich diese majestätische Kreatur bei der Jagd auf ihre Beute mühelos bewegen konnte.

Ausgestattet mit scharfen Sinnen, besaß der balinesische Tiger ein scharfes Seh- und Hörvermögen, das es ihm ermöglichte, selbst die kleinste Bewegung oder das kleinste Rascheln im Unterholz zu erkennen. Seine Schnurrhaare dienten als empfindliche Rezeptoren, mit deren Hilfe er Beute oder potenzielle Gefahren, die in der Nähe lauerten, aufspüren konnte. Er pirschte sich geduldig an sein Ziel an, bewegte sich lautlos und fügte sich nahtlos in seine Umgebung ein, bis der richtige Moment zum Zuschlagen gekommen war.

Sobald er in Reichweite war, nutzte der balinesische Tiger seine immense Kraft und sprang mit Präzision und Wucht vorwärts. Seine muskulösen Hinterbeine trieben ihn in einer atemberaubenden Demonstration von Geschwindigkeit und Kraft auf die ahnungslose Beute zu. Mit einer einzigen schnellen Bewegung versetzte er seiner Beute mit seinen kräftigen Kiefern einen tödlichen Schlag, der ihr ein schnelles und effizientes Ende bereitete.

Die Jagdfähigkeiten des balinesischen Tigers gingen über seine Fähigkeit, Beute zu erbeuten, hinaus. Er zeichnete sich durch außergewöhnliche Intelligenz und Einfallsreichtum aus, wenn es um die Auswahl von Zielen ging. Er jagte vor allem kleinere Pflanzenfresser wie Wildschweine, Hirsche und Affen, war aber auch in der Lage, seine Jagdstrategie bei Bedarf an größere Beutetiere anzupassen.

Ein besonderes Verhalten, das die Forscher faszinierte, war die Neigung des balinesischen Tigers, in Zeiten der Beuteknappheit zu nächtlichen Jägern zu werden. Diese Anpassung ermöglichte es ihm, im Schutz der Dunkelheit neue Gebiete zu erkunden, seine Jagdgründe zu erweitern und seine Überlebenschancen zu erhöhen. Dieses einzigartige Verhalten ist ein Beweis für die Anpassungsfähigkeit und Widerstandsfähigkeit dieses bemerkenswerten Tieres.

Neben seinen beeindruckenden Jagdfähigkeiten hatte der balinesische Tiger für die Balinesen auch eine große kulturelle Bedeutung. Er war mehr als nur ein majestätisches Raubtier; er war ein spirituelles Symbol, das tief in die Struktur ihres Glaubens und ihrer Traditionen eingewoben war. Der balinesische Tiger wurde als Schutzgeist verehrt und verkörperte Macht, Stärke und Schutz.

In der alten balinesischen Folklore und bei Ritualen ging es oft um dieses majestätische Wesen. Man glaubte, dass seine Essenz in heiligen Gegenständen, Tempeln und Schreinen wohnt und als Verbindung zwischen der menschlichen Welt und dem spirituellen Reich dient. Die Balinesen suchten den Segen des Tigergeistes und beteten um Schutz und Wohlstand für ihre Gemeinden.

Tragischerweise haben die unerbittliche Ausbreitung der menschlichen Zivilisation und die zerstörerischen Aktivitäten den Lebensraum des balinesischen Tigers unwiderruflich verändert, was schließlich zu seiner Ausrottung führte. Das letzte Mal wurde diese außergewöhnliche Kreatur in den 1930er Jahren gesichtet, doch die Erinnerung an sie lebt weiter.

Heute ehren die Balinesen weiterhin den Geist des balinesischen Tigers und schätzen die Bedeutung der Erhaltung und der Artenvielfalt. Es werden Anstrengungen unternommen, um die verbleibenden Wildtiere zu schützen und künftige Generationen über die Bedeutung dieser majestätischen Kreaturen aufzuklären, die einst ihr Land durchstreiften.

Zum Abschluss dieses Abschnitts müssen wir über das Vermächtnis des balinesischen Tigers nachdenken. Sein vorzeitiges Ableben erinnert uns eindringlich daran, welche Folgen unser Handeln für die empfindlichen Ökosysteme hat, die uns umgeben. Die Erinnerung an diese außergewöhnliche Spezies und ihre tiefgreifenden Auswirkungen bleiben jedoch bestehen und inspirieren die laufenden Forschungs- und Schutzbemühungen zur Erhaltung der Schönheit und Vielfalt unserer natürlichen Welt.

Die Geschichte des balinesischen Tigers wird für immer in die Annalen der Tierwelt eingehen, ein Zeugnis für die Kraft und Anmut, die einst in den üppigen Regenwäldern Balis zu finden war. Auch wenn wir seinen Verlust betrauern, sollten wir uns an seine Existenz erinnern, als Erinnerung an die Bedeutung unserer Rolle als Verwalter dieses Planeten und an die Verantwortung, die wir für die Erhaltung unserer großartigen Tierwelt haben.

ABSCHNITT 2: LEBENSRAUM UND VERBREITUNG

Der Balinesische Tiger, eine majestätische Kreatur, die einst den dichten Dschungel von Bali, Indonesien, durchstreifte, besaß eine bemerkenswerte Anpassungsfähigkeit an seine natürliche Umgebung. Das Verständnis des ursprünglichen Lebensraums dieser prächtigen Raubkatze ist von entscheidender Bedeutung, um die Geschichte ihres Überlebens und schließlich ihres Untergangs zu enträtseln.

Bali, das für seine malerischen Landschaften und seine lebendige Kultur bekannt ist, beherbergte einst eine Vielzahl unterschiedlicher Ökosysteme. Der balinesische Tiger gedieh in dieser üppigen Umgebung und nutzte seine Umgebung, um sich seinen Platz als Spitzenraubtier zu sichern. Dichte Wälder, reichlich Wasserquellen und eine vielfältige Beutetierbasis boten die idealen Voraussetzungen für diese flinken Raubtiere, um sich ihre nächste Mahlzeit zu sichern.

Die tropischen Regenwälder der Insel mit ihren hoch aufragenden Bäumen und dem dichten Unterholz boten den balinesischen Tigern die perfekte Deckung für die heimliche Jagd. Ihr rostrotes Fell mit den charakteristischen dunklen

Streifen ermöglichte es ihnen, sich nahtlos in das durch das dichte Blätterdach fallende Sonnenlicht einzufügen. Diese vorteilhafte Tarnung verschaffte ihnen einen strategischen Vorteil beim Anpirschen an ihre Beute, die hauptsächlich aus Hirschen, Wildschweinen und kleineren Säugetieren bestand.

Der Lebensraum des balinesischen Tigers war jedoch nicht nur auf die dichten Wälder beschränkt. Auch die vulkanische Landschaft der Insel spielte eine wichtige Rolle bei der Verbreitung des Tigers. Die fruchtbaren Böden Balis, die durch Vulkanasche und Mineralien angereichert sind, begünstigten das Wachstum von üppigem Grasland und offenen Savannen und schufen so ein Mosaik von Lebensräumen für diese flinken Jäger. In diesen offeneren Gebieten konnten die Tiger ihre unglaubliche Geschwindigkeit und Gewandtheit unter Beweis stellen, indem sie schnell durch das hohe Gras manövrierten, um ahnungslose Beute zu erlegen.

Die Verbreitung des balinesischen Tigers war untrennbar mit der Verfügbarkeit geeigneter Lebensräume verbunden. Als Spitzenraubtiere benötigen sie große Gebiete, um ihre Populationen zu erhalten. Mit der Ausweitung menschlicher Siedlungen und landwirtschaftlicher Aktivitäten auf Bali wurde der Lebensraum des Balinesischen Tigers jedoch zunehmend fragmentiert.

Der Druck auf ihren Lebensraum in Verbindung mit anderen Faktoren wie der Jagd und Konflikten mit Menschen hat diese majestätischen Tiere allmählich an den Rand des Aussterbens gebracht. Da ihr Territorium schrumpfte, hatte der balinesische Tiger weniger Zugang zu Beutetieren, was ihn in die Nähe menschlicher Siedlungen zwang. Diese Begegnungen endeten oft in Konflikten, da die Tiger auf der Suche nach Nahrung auf das Vieh losgingen, was sowohl für die Menschen als auch für die Tiger selbst eine gefährliche Situation darstellte.

Die Bemühungen zur Förderung der Koexistenz zwischen balinesischen Tigern und Menschen wurden umgesetzt, standen jedoch vor zahlreichen Herausforderungen. Die fortschreitende Besiedlung und die Abholzung der Wälder erwiesen sich als gewaltige Hindernisse. Trotz lokaler Schutzinitiativen ging die Population des balinesischen Tigers weiter zurück, was schließlich zu seinem tragischen Verschwinden aus den Dschungeln der Insel führte.

Je tiefer wir in die Geschichte des balinesischen Tigers eindringen, desto deutlicher wird, dass sein Lebensraum und seine Verbreitung eng mit seinem Überleben verknüpft waren. Die Veränderung der Insellandschaft und die zunehmende Nähe zu menschlichen Siedlungen stellten diese bemerkenswerten Kreaturen letztlich vor unüberwindbare Herausforderungen. Doch in den zersplitterten Fragmenten ihres einst blühenden Lebensraums flüstern noch immer Echos ihrer Existenz, die uns dazu drängen, weiter zu forschen und die Geheimnisse des balinesischen Tigers zu lüften.

In den zersplitterten Fragmenten ihres einst blühenden Lebensraums flüstern noch immer Echos ihrer Existenz, die uns dazu drängen, weiter zu forschen und die Geheimnisse des balinesischen Tigers zu lüften. Das tragische Verschwinden dieser majestätischen Kreatur aus dem Dschungel von Bali ist zwar eine traurige Tatsache, doch die Bemühungen, ihr Erbe zu verstehen und zu erhalten, gehen bis heute weiter.

Der Verlust des Lebensraums des balinesischen Tigers spielte eine wichtige Rolle bei seinem Aussterben. Mit der Ausdehnung menschlicher Siedlungen und landwirtschaftlicher Aktivitäten wurden die Tiger auf kleinere und weniger geeignete Gebiete beschränkt. Die Zerstörung der dichten Wälder und die Umwandlung von Land in Ackerland führten zu einem Mangel an geeigneter Beute und zwangen die Tiger, sich den menschlichen Siedlungen anzunähern. Dieser Zustrom von Begegnungen zwischen Menschen und Tigern führte häufig zu Konflikten, da die Tiger auf der Suche nach Nahrung vom Vieh waren, was für beide Seiten eine Gefahr darstellte.

Als Reaktion auf diese Herausforderungen bemühten sich lokale Naturschutzinitiativen um die Förderung der Koexistenz zwischen Menschen und balinesischen Tigern. Die Organisationen arbeiteten unermüdlich daran, die lokalen Gemeinschaften über die Bedeutung des Schutzes dieser großartigen Tiere aufzuklären und Maßnahmen zur Minimierung von Konflikten zu ergreifen. Diese Initiativen stießen jedoch auf zahlreiche Hindernisse.

Eine der größten Herausforderungen war die kontinuierliche Ausdehnung der menschlichen Siedlungen. Mit dem Bevölkerungswachstum auf Bali wuchs auch die Nachfrage nach Land, was zur Abholzung der Wälder führte, um der Urbanisierung Rechnung zu tragen. Der Verlust ihres natürlichen Lebensraums hatte schwerwiegende Auswirkungen auf die Überlebensfähigkeit der Tiger, so dass sie verwundbar und verzweifelt auf der Suche nach Ressourcen waren. Trotz aller Bemühungen gelang es den Naturschützern nicht, das Vordringen menschlicher Siedlungen in die verbleibenden Lebensräume der Tiger aufzuhalten.

Eine weitere große Herausforderung war die Wilderei. Die Nachfrage nach Tigerteilen, die durch die traditionelle Medizin und den illegalen Handel mit Wildtieren angetrieben wird, bedrohte weiterhin ihre Existenz. Balinesische Tiger fielen skrupellosen Jagdpraktiken zum Opfer, wobei ihr prächtiges Fell und ihre Körperteile auf dem Schwarzmarkt hohe Preise erzielten. Trotz strenger Gesetze und Bemühungen zur Durchsetzung der Vorschriften blieb die Wilderei ein allgegenwärtiges Problem, das das Überleben der balinesischen Tigerpopulation weiter gefährdete.

Auch der Mangel an finanziellen Mitteln behinderte die Erhaltungsbemühungen. Begrenzte finanzielle Mittel bedeuteten, dass Naturschutzorganisationen Prioritäten bei ihren Initiativen setzen mussten, wodurch kritische Gebiete oft nicht ausreichend geschützt wurden. Ohne ausreichende finanzielle Unterstützung wurde es immer schwieriger, wirksame Maßnahmen zum Schutz des Lebensraums des balinesischen Tigers durchzuführen und die Wilderei wirksam zu bekämpfen.

Das Ableben des balinesischen Tigers erinnert uns eindringlich daran, wie zerbrechlich unsere natürlichen

Ökosysteme sind und welche Folgen das Eindringen des Menschen hat. Es zwingt uns, über unsere Verantwortung als Verwalter der Erde nachzudenken und fordert eine Neubewertung unserer Beziehung zur Natur. Der Verlust einer solch ikonischen Art hat tiefgreifende Auswirkungen, nicht nur auf das Ökosystem, das sie einst bewohnte, sondern auch auf unser kollektives Verständnis von biologischer Vielfalt und der Vernetzung aller Lebewesen.

Doch inmitten der Herausforderungen und des Leids gibt es auch Hoffnungsschimmer. Durch gemeinsame Anstrengungen haben sich Regierungen, Naturschutzorganisationen und lokale Gemeinschaften zusammengetan, um wichtige Lebensräume wiederherzustellen und zu schützen. Projekte zur Wiederaufforstung und die Einrichtung von Schutzgebieten zielen darauf ab, sichere Zufluchtsorte für bedrohte Arten zu schaffen, einschließlich der möglichen Wiederansiedlung des balinesischen Tigers in der Zukunft.

Bildungs- und Sensibilisierungsinitiativen spielen eine zentrale Rolle bei der Förderung des Verantwortungsbewusstseins und der Wertschätzung für die Erhaltung der Wildtiere. Indem wir die Bedeutung der Erhaltung der biologischen Vielfalt und die Wichtigkeit der Erhaltung gesunder Ökosysteme vermitteln, können wir künftige Generationen dazu inspirieren, unser gemeinsames Naturerbe zu schützen und zu erhalten.

Zusammenfassend lässt sich sagen, dass der Lebensraum und die Verbreitung des balinesischen Tigers eng mit seinem Überleben verflochten sind. Der Verlust ihres ursprünglichen Lebensraums durch menschliche Aktivitäten in Verbindung mit Wilderei und einem Mangel an ausreichenden Finanzmitteln brachte diese großartigen Tiere an den Rand des Aussterbens. Das Vermächtnis des balinesischen Tigers erinnert uns jedoch eindringlich daran, wie dringend notwendig Schutzmaßnahmen sind und wie wichtig es ist, unsere Bedürfnisse mit dem Schutz der Wildtiere in Einklang zu bringen. Indem wir die Vergangenheit anerkennen, können wir uns um den Schutz der Zukunft bemühen und sicherstellen, dass nicht noch mehr majestätische Kreaturen ein ähnliches Schicksal erleiden wie der balinesische Tiger.

ABSCHNITT 3: PHYSISCHE MERKMALE UND ANPASSUNGEN

Der balinesische Tiger, ein rätselhaftes Spitzenraubtier, das einst die üppigen Dschungel und dichten Wälder Balis durchstreifte, besaß eine Vielzahl von körperlichen Eigenschaften und einzigartigen Anpassungen, die es ihm ermöglichten, in seiner Umgebung zu gedeihen. Mit einer Gruppe von geschätzten Lesern wie Ihnen, die begierig sind, die Geheimnisse dieser großartigen Kreatur zu ergründen, wollen wir uns auf eine Reise begeben, um die ehrfurchtgebietende Welt des balinesischen Tigers zu entdecken.

Eines der auffälligsten physischen Merkmale des balinesischen Tigers war seine Größe. Vergleichbar mit seinen Vettern, den Sumatra- und Javatigern, war der balinesische Tiger eine stattliche Katze, die vom Kopf bis zum Schwanz etwa drei Meter lang war und bis zu 400 Pfund wog. Sein muskulöser Körperbau und seine imposante Präsenz machten ihn zu einer echten Kraft, mit der man im balinesischen Ökosystem rechnen musste.

Das Fell des Balinesischen Tigers zeichnete sich durch

eine faszinierende Mischung aus goldorangen und schwarzen Streifen aus, die seinen majestätischen Körperbau zierten. Diese Streifen erfüllten einen doppelten Zweck: Sie dienten der Tarnung in der dichten Vegetation seines Lebensraums und waren gleichzeitig ein Mittel der visuellen Kommunikation unter seinen Artgenossen. Durch das einzigartige Muster seiner Streifen konnte der balinesische Tiger seine Absichten signalisieren, seine Dominanz demonstrieren oder sogar Zuneigung ausdrücken.

Neben seinem glänzenden Fell besaß der balinesische Tiger mehrere körperliche Anpassungen, die seine Position als Spitzenraubtier in seiner Umgebung festigten. Seine kräftigen Kiefer waren mit langen, scharfen Eckzähnen ausgestattet, mit denen er seine Beute mit einem einzigen, präzisen Biss schnell außer Gefecht setzen konnte. Zusammen mit seinen kräftigen Vorderbeinen und den einziehbaren Krallen, die bis zu fünf Zentimeter lang werden konnten, war der balinesische Tiger ein furchterregender Jäger.

Darüber hinaus verfügte der balinesische Tiger über ein hervorragendes Seh- und Hörvermögen, das es ihm ermöglichte, sich in dem verwinkelten Gelände seines Lebensraums zurechtzufinden und die kleinsten Bewegungen potenzieller Beutetiere oder Rivalen zu erkennen. Sein beidäugiges Sehvermögen verbesserte die Tiefenwahrnehmung bei der Jagd, und die Fähigkeit, seine Ohren unabhängig voneinander zu drehen, ermöglichte es ihm, die Quelle entfernter Geräusche mit bemerkenswerter Präzision zu lokalisieren. Diese Anpassungen verschafften dem balinesischen Tiger einen bedeutenden Vorteil bei seinem Überlebenskampf.

Um sich im dichten Dschungel zurechtzufinden, hat der balinesische Tiger anatomische Merkmale entwickelt, die ihm die Fortbewegung erleichtern. Seine robusten, durch kräftige Muskeln verstärkten Hinterbeine trieben ihn mit Wendigkeit und Geschwindigkeit durch das Unterholz. Diese bemerkenswerte Beweglichkeit in Verbindung mit seinem langen, muskulösen Schwanz, der ihm half, bei schnellen

Manövern das Gleichgewicht zu halten, ermöglichte es dem Balinesischen Tiger, sich zu verstecken, sich anzuschleichen und mit unvergleichlicher Anmut auf ahnungslose Beute zu stürzen.

Die Anpassungen des balinesischen Tigers gingen über seine physischen Eigenschaften hinaus, da er bemerkenswerte Verhaltensmerkmale zeigte, die seinen Status als Spitzenraubtier noch weiter erhöhten. Als Einzelgänger patrouillierte der Balinesische Tiger in seinem Territorium mit einem Gefühl von Befehlsgewalt und Autorität, wobei er ein Maß an Intelligenz und Gerissenheit an den Tag legte, das seine Dominanz im Ökosystem sicherte. Dank seiner Heimlichkeit konnte er sich nahtlos in seine Umgebung einfügen, während er sich seiner ahnungslosen Beute näherte.

Zum Abschluss dieser ersten Hälfte unserer Erkundung der physischen Merkmale und einzigartigen Anpassungen des balinesischen Tigers haben wir einen Einblick in die beeindruckende Welt dieses Spitzenraubtiers gegeben. Von seiner imposanten Größe und den faszinierenden Streifen bis hin zu seinen kräftigen Gliedmaßen und scharfen Sinnen - der balinesische Tiger ist ein Beweis für die Fähigkeit der Natur, großartige Kreaturen zu erschaffen. Es gibt jedoch noch viel mehr zu entdecken in der zweiten Hälfte dieses Abschnitts, in der wir uns näher mit den Jagdstrategien, der Fortpflanzung und dem empfindlichen Gleichgewicht innerhalb ihres Ökosystems beschäftigen werden. Die Jagdstrategien des balinesischen Tigers waren eine ausgeklügelte Darbietung von Gerissenheit und Geschicklichkeit, die über Generationen hinweg fein abgestimmt wurden, um die erfolgreiche Jagd auf Beute zu gewährleisten. Mit seinen ausgeprägten körperlichen Eigenschaften und scharfen Sinnen verfügte dieses Spitzenraubtier über ein bemerkenswertes Arsenal an Überlebensmitteln.

Um erfolgreich auf die Jagd zu gehen, setzte der balinesische Tiger eine Kombination aus Heimlichkeit, Geduld und strategischer Positionierung ein. Diese Taktik ermöglichte es ihm, das Überraschungsmoment auszunutzen und die Chancen auf eine erfolgreiche Jagd zu maximieren. Der Tiger pirschte sich vorsichtig an sein ausgewähltes Ziel an und bewegte sich lautlos durch das Unterholz, wobei ihn seine kräftigen Gliedmaßen mit unvergleichlicher Anmut vorwärts trieben.

Wenn er sich seiner Beute näherte, senkte der balinesische Tiger seinen Körper auf den Boden und tarnte sich gekonnt zwischen dem Laub. Seine fesselnden Streifen fügten sich nahtlos in das durch das Blätterdach des Waldes fallende Sonnenlicht ein und machten das Raubtier für sein ahnungsloses Opfer praktisch unsichtbar. Mit konzentrierter Entschlossenheit wartete der Tiger geduldig auf den richtigen Moment, um zuzuschlagen.

Blitzschnell und präzise stürzte sich der balinesische Tiger auf seine Beute, wobei er sich mit seinen kräftigen Hinterbeinen vorwärts bewegte. Seine rasiermesserscharfen Krallen fahren aus und graben sich tief in das Fleisch des unglücklichen Ziels, um es schnell und effizient zu töten. Die gewaltigen Kiefer des balinesischen Tigers packen ihn mit eisernem Griff und versetzen ihm einen tödlichen Biss in den Hals oder die Kehle, der die lebenswichtigen Arterien effizient durchtrennt und die Beute schnell außer Gefecht setzt. Die gespenstische Stille des balinesischen Dschungels wird von den Geräuschen einer erfolgreichen Jagd durchbrochen.

Die Fortpflanzung spielte eine entscheidende Rolle für das Überleben des balinesischen Tigers, da die Aufrechterhaltung einer gesunden Population für das Gleichgewicht des Ökosystems unerlässlich war. Das Tigerweibchen zeigte während der Paarungszeit ein einzigartiges Verhalten: Es stieß eine Reihe von niederfrequenten Rufen aus, um potenziellen Partnern seine Verfügbarkeit zu signalisieren. Diese Rufe drangen durch das dichte Laub und erregten die Aufmerksamkeit der männlichen Tiger schon von weitem.

Sobald der männliche Tiger ein empfängliches Weibchen gefunden hat, führt er ein aufwendiges Balzritual durch, bei dem er Stärke, Beweglichkeit und Geschicklichkeit zeigt, um das Weibchen zu beeindrucken. Sobald eine erfolgreiche

Paarbeziehung hergestellt wurde, findet die Paarung statt, gefolgt von einer Trächtigkeitsdauer von etwa 100 Tagen. Das Weibchen sucht sich dann eine abgelegene Höhle, um einen Wurf von zwei bis vier Jungen zur Welt zu bringen.

Die Jungen wurden blind und hilflos geboren und waren in Bezug auf Ernährung und Schutz ganz auf ihre Mutter angewiesen. Das Tigerweibchen verteidigte ihre Jungen vehement gegen jede potenzielle Bedrohung, ging auf die Jagd und kehrte zurück, um ihren Nachwuchs mit ihrer reichhaltigen Milch zu ernähren. Als die Jungen stärker wurden und ihre Sinne sich schärften, führte die Mutter sie in die Feinheiten der Jagd ein und vermittelte ihnen lebenswichtige Fähigkeiten, die ihr Überleben im anspruchsvollen balinesischen Ökosystem sichern sollten.

Das empfindliche Gleichgewicht im Ökosystem des balinesischen Tigers wurde durch das Zusammenspiel von Raubtier und Beute aufrechterhalten. Als Spitzenprädator spielte der balinesische Tiger eine entscheidende Rolle bei der Kontrolle der Pflanzenfresserpopulationen und sorgte so für das Gleichgewicht und die Nachhaltigkeit der umgebenden Umwelt. Indem er die Schwachen und Alten erbeutete, trug der Tiger dazu bei, ein gesundes Gleichgewicht aufrechtzuerhalten, das das Gedeihen der Vegetation ermöglichte und anderen Arten eine Chance bot.

Zum Abschluss dieser Erkundung der körperlichen Merkmale, der einzigartigen Anpassungen, der Jagdstrategien, der Fortpflanzung und des empfindlichen Gleichgewichts des balinesischen Tigers denken wir über die Ehrfurcht einflößende Natur dieser rätselhaften Kreatur nach. Von seinen verstohlenen Jagdtechniken bis hin zu seinen fürsorglichen Mutterinstinkten verkörpert der balinesische Tiger die majestätische Pracht der Natur.

In der zweiten Hälfte dieses fesselnden Abschnitts haben wir die Fähigkeiten des balinesischen Tigers als Spitzenprädator erforscht und Einblicke in seine außergewöhnlichen Anpassungen und seine wichtige Rolle im komplizierten Netz des Lebens gewonnen. Möge dieses Wissen in Ihnen ein neues Verständnis für die bemerkenswerte Komplexität und gegenseitige Abhängigkeit wecken, die in das Gewebe der Ökosysteme unseres Planeten eingewoben sind.

ABSCHNITT 4: ÖKOLOGIE UND VERHALTEN

Entdecken Sie die ökologische Rolle und die Verhaltensmuster des balinesischen Tigers und erhalten Sie Einblicke in seine Jagdtechniken und Sozialstruktur.

Der balinesische Tiger, eine bemerkenswerte Kreatur, die einst die üppigen Wälder Balis durchstreifte, hatte eine ausgeprägte ökologische Rolle und wies faszinierende Verhaltensmuster auf. Das Verständnis seines Platzes im Ökosystem und seiner einzigartigen Verhaltensweisen gewährt uns wertvolle Einblicke in die komplizierten Abläufe dieses majestätischen Raubtiers.

Aus ökologischer Sicht spielte der balinesische Tiger eine entscheidende Rolle bei der Aufrechterhaltung des empfindlichen Gleichgewichts in Balis kompliziertem Lebensnetz. Als Spitzenprädatoren hatten sie eine Autoritätsposition in der Nahrungskette inne, regulierten die Population ihrer Beutetiere und beeinflussten indirekt die Fülle anderer Organismen in ihrem Ökosystem. Indem er die Zahl der Pflanzenfresser kontrollierte, beeinflusste der balinesische Tiger die Dynamik der Vegetation, verhinderte die Überweidung und förderte die Artenvielfalt.

Der balinesische Tiger lebte vor allem in dichten Wäldern, wo er seine Umgebung geschickt für die Jagd ausnutzen konnte. Ihre bevorzugten Jagdgebiete bestanden sowohl aus Tieflandregenwäldern als auch aus Bergwäldern, die ihnen eine Vielzahl von Beutetieren boten. Balinesische Tiger waren als äußerst anpassungsfähig bekannt und wurden oft in Gebieten in der Nähe menschlicher Siedlungen gesichtet, wo sie die vorhandenen Ressourcen nutzten und gleichzeitig ihr schwer fassbares Wesen bewahrten.

Was die Jagdtechniken anbelangt, so verfügte der balinesische Tiger über eine bemerkenswerte Mischung aus Beweglichkeit, Heimlichkeit und Präzision. Die gut entwickelten Muskeln, die kräftigen Kiefer und die scharfen, einziehbaren Krallen ermöglichten es ihm, schnelle und äußerst effektive Angriffe auszuführen. Der balinesische Tiger verließ sich auf seine hervorragende Tarnung und sein intuitives Verständnis für das Verhalten seiner Beute, bevor er zu einer schnellen und tödlichen Verfolgung ansetzte. Diese gerissenen Raubtiere waren geschickt darin, sich im dichten Blattwerk zu verstecken und ihre Umgebung lautlos zu beobachten, bis der richtige Moment zum Zuschlagen gekommen war.

Der balinesische Tiger weist eine einzigartige und faszinierende Sozialstruktur auf. Von Natur aus Einzelgänger, zogen sie es vor, ein unabhängiges Leben zu führen und markierten ihre Reviere mit Duftdrüsen, um unnötige Begegnungen zu vermeiden. Während der Paarungszeit änderte sich das Verhalten dieser wilden Raubtiere jedoch vorübergehend, sie sehnten sich nach Gesellschaft und suchten nach potenziellen Partnern. Die Paarungsrituale waren intensiv und aufwendig und umfassten Lautäußerungen, Duftmarkierungen und Machtdemonstrationen, um die Dominanz zu demonstrieren.

Trotz des beeindruckenden Rufs des balinesischen Tigers war seine Existenz von Verletzlichkeit geprägt. Die Abholzung von Wäldern und die Zerstörung von Lebensräumen haben ihre Jagdgründe verkleinert, was ihren Zugang zu Beutetieren erschwert und ihre ökologische Nische verändert hat. Außerdem fielen sie dem Jagddruck zum Opfer, und ihre schönen Felle wurden zu begehrten Besitztümern. Langsam aber sicher schrumpfte die Population des balinesischen Tigers, bis seine Präsenz in freier Wildbahn nur noch ein Echo der Vergangenheit war.

Während wir in die fesselnde Welt der Ökologie und des Verhaltens des balinesischen Tigers eintauchen, beginnen wir, die Feinheiten dieser großartigen Art zu verstehen. Die Geschichte ihrer Existenz erinnert uns daran, wie zerbrechlich die biologische Vielfalt unseres Planeten ist und welch tiefgreifende Auswirkungen das menschliche Handeln auf das Netz des Lebens haben kann. Aber hinter dieser rätselhaften Kreatur verbirgt sich mehr als das, was man auf den ersten Blick sieht. Begleiten Sie uns im nächsten Teil dieses Abschnitts, wenn wir die Geheimnisse seines Territorialverhaltens lüften und seine mysteriösen Kommunikationsmethoden erforschen. Wir setzen unsere Erkundung der faszinierenden Ökologie und des Verhaltens des balinesischen Tigers fort, indem wir sein Territorialverhalten erforschen und die Geheimnisse seiner mysteriösen Kommunikationsmethoden lüften.

Territorialität ist ein wichtiger Aspekt im Verhaltensrepertoire des Balinesischen Tigers. Diese majestätischen Raubtiere sind Einzelgänger und markieren ihre Reviere, um ihre Ressourcen zu verteidigen und ihre Dominanz zu demonstrieren. Mit Hilfe von Duftdrüsen hinterlassen sie eine unverwechselbare Geruchsbotschaft, die als Warnung für potenzielle Eindringlinge dient. Diese territorialen Grenzen werden sorgfältig gepflegt und häufig patrouilliert, um sicherzustellen, dass andere Individuen ihren Raum respektieren. Durch die Durchsetzung dieser Grenzen minimiert der Balinesische Tiger unnötige Konfrontationen und erhält das Gleichgewicht in seinem Ökosystem aufrecht.

Die Kommunikation spielt bei den komplexen sozialen Interaktionen des Balinesischen Tigers eine entscheidende Rolle. Während sie überwiegend ein unabhängiges Leben führen, wird die Kommunikation während der Brutzeit entscheidend, wenn sie nach potenziellen Partnern suchen. Die Vokalisation ist ein wesentliches Instrument in ihrem Repertoire, denn die einzelnen Tiere können sich in den Weiten ihres Lebensraums durch unterschiedliche Rufe gegenseitig orten. Diese Rufe reichen von leisem Knurren bis hin zu durchdringendem Gebrüll, das in den dichten Wäldern Balis widerhallt und ihre Anwesenheit verkündet.

Die Duftmarkierung ist eine weitere wichtige Form der Kommunikation, die der Balinesische Tiger nutzt. Durch das Sprühen von Urin und das Reiben an Bäumen hinterlassen sie einen unverwechselbaren Geruch, der als Territorialmarkierung dient. Damit zeigen sie nicht nur ihre Anwesenheit an, sondern übermitteln auch Informationen über ihren Fortpflanzungsstatus und ihren allgemeinen Gesundheitszustand. Andere Tiger, die auf diese Markierungen stoßen, können daraus Rückschlüsse auf die Identität des Individuums, seine Fortpflanzungsfähigkeit und seine soziale Stellung ziehen, so dass Interaktionen auf genauen Informationen beruhen.

Zusätzlich zu den Lautäußerungen und der Duftmarkierung verstärken die körperlichen Demonstrationen von Stärke und Dominanz die soziale Hierarchie innerhalb der balinesischen Tigerpopulation. Bei Paarungsritualen und Revierkämpfen demonstrieren die Tiere auf eindrucksvolle Weise ihre Macht, um ihre körperlichen Fähigkeiten zu zeigen und ihren Platz in der sozialen Ordnung zu bestimmen. Zu diesen Demonstrationen gehören das Wölben des Rückens, das Zeigen der Zähne und eine aggressive Körperhaltung, die die Bedeutung der Dominanz in ihrer Sozialstruktur unterstreichen.

Doch trotz dieser bemerkenswerten Anpassungen und komplexen Verhaltensweisen war die Existenz des balinesischen Tigers schließlich von einem tragischen Niedergang bedroht. Der Druck menschlicher Aktivitäten wie die Abholzung von Wäldern und die Zerstörung von Lebensräumen führte zu einer drastischen Verringerung ihrer

Jagdgründe, wodurch ihre Fähigkeit, an Beute zu gelangen, beeinträchtigt und ihre ökologische Nische verändert wurde. Darüber hinaus führte der Wunsch nach ihren schönen Fellen zu einem verstärkten Jagddruck, der diese majestätischen Tiere noch weiter an den Rand des Aussterbens trieb.

Heute sind uns nur noch Erinnerungen und Aufzeichnungen über den rätselhaften balinesischen Tiger geblieben. Seine einstmals großartige Präsenz ist zu einer ergreifenden Erinnerung an die zerbrechliche Natur der biologischen Vielfalt unseres Planeten und die tiefgreifenden Auswirkungen menschlichen Handelns auf das Netz des Lebens geworden. Der Verlust des Balinesischen Tigers ist ein düsteres Zeugnis für die Bedeutung von Naturschutzmaßnahmen und die dringende Notwendigkeit, die Lebensräume bedrohter Arten zu schützen.

Zum Abschluss unserer Erkundung der Ökologie und des Verhaltens des balinesischen Tigers wollen wir uns an die beeindruckende Schönheit und Widerstandsfähigkeit dieses großartigen Tieres erinnern. Seine Geschichte fordert uns auf, große und kleine Maßnahmen zu ergreifen, um das empfindliche Gleichgewicht unserer natürlichen Welt zu erhalten und zu schützen. Der balinesische Tiger mag nicht mehr durch die Wälder Balis streifen, aber sein Vermächtnis lebt in unserem kollektiven Bewusstsein weiter und erinnert uns an die Bedeutung jeder einzelnen Art im komplizierten Geflecht des Lebens auf der Erde.

ABSCHNITT 5: AUSSTERBEN UND ERHALTUNGSBEMÜHUNGEN

Jahrhundertelang durchstreifte der balinesische Tiger die üppigen Wälder Balis, ein majestätisches und furchteinflößendes Raubtier, das die Phantasie derer, die ihm begegneten, in seinen Bann zog. Mit seinem unverwechselbaren schwarz-gelb gestreiften Fell war der balinesische Tiger ein Symbol für Kraft und Anmut, eine wahre Ikone dieses indonesischen Paradieses. Leider müssen wir nun den Verlust dieser prächtigen Kreatur betrauern, da sie aufgrund einer Kombination verheerender Faktoren vom Aussterben bedroht ist.

Die Aufdeckung des komplizierten Netzes von Ereignissen, die zum tragischen Aussterben des balinesischen Tigers führten, führt uns die harte Realität des menschlichen Einflusses auf die Natur vor Augen. Die Abholzung der Wälder, die durch die Nachfrage nach landwirtschaftlichen Flächen und Holz angetrieben wurde, hatte tiefgreifende Auswirkungen auf den Lebensraum des Tigers. Durch die Abholzung riesiger Waldflächen verlor der balinesische Tiger seine Jagdgründe und seine Beute, was ihn an den Rand des Überlebens brachte.

Darüber hinaus spielte auch die ausufernde Jagd nach Trophäen und Fellen eine wichtige Rolle beim Aussterben dieses majestätischen Tieres. Das auffällige Aussehen des balinesischen Tigers machte ihn zu einem begehrten Ziel für Jäger, die mit ihren Eroberungen prahlen und ihre Dominanz demonstrieren wollten. Diese unerbittliche Ausbeutung, gepaart mit dem Verlust seines Lebensraums, stellte für den balinesischen Tiger eine unüberwindbare Herausforderung dar, die seine Population auf einen bedrohlich niedrigen Stand brachte.

Obwohl das Aussterben des balinesischen Tigers eine Tragödie ist, die nicht rückgängig gemacht werden kann, haben sich Naturschützer und Umweltenthusiasten zusammengetan, um sicherzustellen, dass andere gefährdete Arten nicht ein ähnliches Schicksal erleiden. Überall auf der Welt werden konzertierte Anstrengungen unternommen, um diese lebenden Schätze unseres Planeten zu schützen und zu erhalten.

Indonesien, die Heimat des inzwischen ausgestorbenen balinesischen Tigers, ist sich der Bedeutung des Schutzes seines Naturerbes bewusst. Die Regierung hat Nationalparks und Schutzgebiete eingerichtet, um die verbleibende Artenvielfalt zu erhalten, damit die einheimische Flora und Fauna, darunter auch bedrohte Arten, gedeihen können. Diese Schutzgebiete dienen als lebenswichtige Zufluchtsorte für gefährdete Tiere und bieten ihnen einen sicheren Hafen, in dem sie sich ohne die Bedrohung durch menschliche Eingriffe entfalten können.

Internationale Organisationen und Nichtregierungsorganisationen haben sich ebenfalls zusammengeschlossen, um die Krise des Artensterbens zu bekämpfen. Die gemeinsamen Projekte konzentrieren sich auf verschiedene Aspekte, die von der Sensibilisierung und Aufklärung bis zur Umsetzung innovativer Erhaltungsstrategien reichen. Wissenschaftler und Forscher arbeiten unermüdlich daran, die damit verbundene ökologische Dynamik zu verstehen, und suchen nach nachhaltigen Lösungen, um das Überleben der bedrohten Arten zu sichern.

Eine dieser bahnbrechenden Initiativen, das Balinese Tiger Conservation Program, will das Schicksal dieser vom Aussterben bedrohten Tierart erhellen und das Bewusstsein für die Bedeutung der Erhaltung der verbleibenden Tigerpopulationen schärfen. Durch das Studium der umfangreichen Dokumentation und Aufzeichnungen erhoffen sich die Forscher wertvolle Erkenntnisse über das ökologische Gleichgewicht und die gegenseitigen Abhängigkeiten im Ökosystem Balis.

Darüber hinaus soll das Programm nicht nur bei den Einheimischen, sondern auch auf globaler Ebene ein neues Engagement für den Naturschutz wecken. Durch Aufklärungskampagnen und die Einbindung der Bevölkerung soll das Verantwortungsbewusstsein für unsere Umwelt und die vielfältigen Lebewesen, die sie beheimaten, gefördert werden.

In der zweiten Hälfte dieses Abschnitts werden wir uns mit den innovativen Ansätzen und konkreten Erhaltungsmaßnahmen befassen, die derzeit zum Schutz gefährdeter Arten und zur Wiederherstellung der ökologischen Harmonie ergriffen werden. Der Kampf zur Rettung der wertvollen Tierwelt unseres Planeten geht weiter, angetrieben von der Entschlossenheit, dass wir nicht zulassen dürfen, dass künftige Generationen das tragische Aussterben einer weiteren großartigen Art erleben.

Obwohl der Balinesische Tiger aus den Wäldern Balis verschwunden ist, lebt die Erinnerung an ihn weiter und erinnert uns daran, wie zerbrechlich unsere natürliche Welt ist. Wenn wir die Faktoren verstehen, die zu seinem Untergang geführt haben, und uns aktiv für den Schutz bedrohter Arten einsetzen, haben wir die Möglichkeit, Fehler der Vergangenheit zu korrigieren und eine bessere Zukunft für die Lebewesen auf unserem Planeten zu sichern. Gemeinsam können wir eine Welt schaffen, in der keine Tierart das gleiche Schicksal erleidet wie der balinesische Tiger. Bei unseren Bemühungen um den Artenschutz ist es wichtig, die verschiedenen Interessengruppen zu berücksichtigen, die an der Erhaltung gefährdeter Arten beteiligt sind. Regierungen, lokale Gemeinschaften, Wissenschaftler und Umweltorganisationen spielen alle eine entscheidende Rolle, wenn es darum geht, das Überleben dieser majestätischen Geschöpfe zu sichern. Im Fall des balinesischen Tigers hat sich die Welt zusammengeschlossen, um eine Wiederholung dieses herzzerreißenden Verlustes zu verhindern.

Einer der wirksamsten Ansätze für den Naturschutz ist das Engagement der Gemeinden und die Befähigung der lokalen Bevölkerung. Viele Organisationen haben die Bedeutung ihrer Rolle beim Schutz von Wildtieren erkannt und verfolgen einen partizipatorischen Ansatz, bei dem indigene Gemeinschaften in die Entscheidungsprozesse einbezogen werden. Diese Zusammenarbeit schafft nicht nur ein Gefühl der Eigenverantwortung und des Verantwortungsbewusstseins, sondern macht auch das umfangreiche Wissen und die traditionelle Weisheit dieser Gemeinschaften nutzbar, die oft schon seit Generationen harmonisch mit der Umwelt zusammenleben.

Auf Bali werden Anstrengungen unternommen, um die lokalen Gemeinschaften in die Naturschutzinitiativen einzubeziehen. Es werden Programme durchgeführt, die alternative Möglichkeiten für den Lebensunterhalt bieten, die nachhaltig sind und die Umwelt nicht schädigen. Durch die Einführung von Ökotourismus und die Förderung der traditionellen Handwerkskunst lokaler Kunsthandwerker können die Gemeinden direkt von der Erhaltung ihrer natürlichen Umgebung profitieren. Dieser Ansatz schafft eine Win-Win-Situation, in der die Tierwelt geschützt wird, die Lebensgrundlagen der Gemeinden verbessert werden und die Touristen ein besseres Verständnis für die Bedeutung des Naturschutzes entwickeln.

Darüber hinaus sind Bildungs- und Sensibilisierungskampagnen ein wichtiges Instrument, um die Ursachen des Artensterbens zu bekämpfen. Durch die Vermittlung von Wissen über die Vernetzung von Ökosystemen und die Bedeutung der biologischen Vielfalt kann künftigen Generationen ein Gefühl der Verantwortung gegenüber der Natur vermittelt werden. Schulen, Universitäten und Umweltorganisationen haben sich zusammengeschlossen, um umfassende Lehrpläne zu entwickeln und Workshops durchzuführen, die die Grundsätze des Naturschutzes und den dringenden Handlungsbedarf hervorheben. Durch Bildung können wir den Kreislauf des zerstörerischen Verhaltens durchbrechen und eine Generation von Umweltschützern heranziehen.

Neben der Einbindung der Bevölkerung und der Aufklärung spielt die wissenschaftliche Forschung eine entscheidende Rolle bei der Entwicklung wirksamer Schutzstrategien. Experten auf der ganzen Welt widmen ihre Karriere dem Verständnis der komplizierten Dynamik von Ökosystemen und der Bedrohung gefährdeter Arten. Mithilfe fortschrittlicher Technologien wie Satellitenortung und DNA-Analysen sind Forscher in der Lage, wichtige Daten zu sammeln, die in die Schutzbemühungen einfließen.

Das Aussterben des balinesischen Tigers hat gezeigt, wie wichtig die genetische Vielfalt für das Überleben der Arten ist. Wissenschaftler nutzen dieses Wissen, um Zuchtprogramme für andere gefährdete Arten in Gefangenschaft durchzuführen, die sicherstellen, dass die genetische Vielfalt erhalten bleibt und die negativen Folgen der Inzucht vermieden werden. Diese Programme, die in Zusammenarbeit mit Zoos und Forschungseinrichtungen durchgeführt werden, bieten nicht nur ein Sicherheitsnetz für Arten, die vom Aussterben bedroht sind, sondern auch die Möglichkeit einer künftigen Wiedereinführung in die freie Natur.

Grenzüberschreitende Naturschutzinitiativen spielen ebenfalls eine entscheidende Rolle beim Schutz gefährdeter Arten. Regierungen und Organisationen arbeiten grenzüberschreitend zusammen, um miteinander verbundene Schutzgebiete einzurichten, die die freie Bewegung von Wildtieren ermöglichen. Dieser Ansatz sichert Migrationsrouten, bewahrt wichtige Lebensräume und verbessert die Zusammenarbeit angesichts gemeinsamer Erhaltungsherausforderungen. Indem wir geopolitische Grenzen überschreiten, erkennen wir an, dass das Überleben der biologischen Vielfalt unseres Planeten gemeinsame Anstrengungen erfordert.

Zum Abschluss unserer Erkundung des Aussterbens und der Schutzbemühungen ist es wichtig zu erkennen, dass der Kampf um den Schutz bedrohter Arten weitergeht. Die Tragödie des balinesischen Tigers ist eine düstere Erinnerung an die unumkehrbaren Folgen der Vernachlässigung unserer natürlichen Welt. Sie bietet jedoch auch die Gelegenheit zur Selbstreflexion und zum Handeln. Indem wir über Disziplinen und Grenzen hinweg zusammenarbeiten, können wir dafür sorgen, dass keiner Tierart das gleiche Schicksal widerfährt wie dem balinesischen Tiger.

Lassen Sie uns die Stimme für diejenigen sein, die nicht sprechen können, die Wächter des empfindlichen Gleichgewichts unserer Ökosysteme. Indem wir die Vielfalt des Lebens auf unserem Planeten wertschätzen, garantieren wir eine Zukunft, in der sowohl die Menschheit als auch die Tierwelt gedeihen können. Jetzt ist es an der Zeit, aktiven Naturschutz zu betreiben, denn wir wissen, dass jede noch so kleine Anstrengung ein Schritt zur Wiederherstellung der ökologischen Harmonie ist. Gemeinsam haben wir die Macht, etwas zu bewirken und ein Vermächtnis für kommende Generationen zu sichern.

KAPITEL 10: BEWAHRUNG UND HOFFNUNG

ABSCHNITT 1: DIE BEDROHTE MAJESTÄT

Entdecken Sie die atemberaubende Schönheit der Tiger und den alarmierenden Rückgang ihrer Population, während wir uns mit der dringenden Notwendigkeit des Schutzes dieser majestätischen Kreaturen beschäftigen.

In den Tiefen der üppigen Wälder, verborgen im Schatten der ausladenden Bäume, streift ein außergewöhnliches Wesen mit strahlender Anmut umher. Schlank und doch kraftvoll gebaut, bewegt sich der Tiger mit einer ätherischen Schönheit, die die Herzen der Menschen seit Jahrhunderten in ihren Bann gezogen hat. Sein auffallend gestreiftes Fell, dessen Muster so einzigartig ist wie ein Fingerabdruck, prägt sich unauslöschlich in unsere Vorstellung ein. Der Tiger, der König des Dschungels, steht an der Spitze der Wunder der Natur. Doch diese königlichen Wesen sehen sich einer unheilvollen Bedrohung ihrer Existenz gegenüber.

Tiger nehmen seit langem eine herausragende Stellung in Mythologie und Folklore ein und werden in verschiedenen Kulturen als Symbole für Stärke, Mut und Weisheit verehrt. Ihre Anwesenheit ruft nicht nur Ehrfurcht hervor, sondern erinnert auch an die Verbundenheit aller Lebewesen untereinander. Leider täuscht die mit Tigern assoziierte Erhabenheit über eine ernste Realität hinweg: Ihre Population ist in alarmierendem

Maße geschrumpft.

Einst streiften die Tiger frei durch weite Teile Asiens, heute sind sie auf wenige Teile ihres einst weitläufigen Territoriums beschränkt. Menschliche Aktivitäten wie die Zerstörung von Lebensräumen, Wilderei und der illegale Handel mit Wildtieren haben diese prächtigen Tiere an den Rand des Aussterbens gebracht. Das schleichende Vordringen der Zivilisation in ihre Territorien hat dazu geführt, dass sie nur noch wenig Platz haben, um zu streifen, zu jagen und ihre ökologischen Aufgaben zu erfüllen.

Die Wilderei, die durch die unersättliche Nachfrage nach Tigerteilen für die traditionelle Medizin und exotische Luxusgüter angetrieben wird, bleibt eine große Bedrohung. Der illegale Handel mit Tigerknochen, -fellen und -organen hält den Irrglauben aufrecht, dass diese majestätischen Wesen mythische Heilkräfte besitzen - ein Irrglaube, der schon unzählige Tiger das Leben gekostet hat. Bedauerlicherweise floriert der Markt für solche Produkte weiterhin, angeheizt durch illegale Netzwerke, die sich über Kontinente erstrecken.

Die Folgen des Tigerrückgangs gehen weit über den Verlust einer einzelnen Art hinaus; er wirkt sich auf ganze Ökosysteme aus. Als Spitzenprädatoren spielen Tiger eine unverzichtbare Rolle bei der Aufrechterhaltung des empfindlichen Gleichgewichts der Natur. Ihre Anwesenheit reguliert die Beutetierpopulationen und verhindert die unkontrollierte Vermehrung von Pflanzenfressern, die die Vegetation dezimieren würden. Auf diese Weise schützen Tiger indirekt die Lebensräume, die sie ihr Zuhause nennen.

Die von engagierten Einzelpersonen und Organisationen vorangetriebenen Schutzbemühungen haben in den letzten Jahren erhebliche Fortschritte gemacht. Regierungen, Nichtregierungsorganisationen und lokale Gemeinschaften haben die Dringlichkeit erkannt, den Rückgang dieser großartigen Kreaturen aufzuhalten. Es sind ehrgeizige Initiativen zum Schutz und zur Wiederherstellung der Lebensräume von Tigern entstanden, die trotz aller

Widrigkeiten Hoffnung geben. Die Sensibilisierung der Öffentlichkeit und der Erlass strengerer Gesetze gegen die Wilderei und den illegalen Handel mit Tigerteilen sind wesentliche Schritte zur Sicherung ihrer Zukunft.

Erfreulicherweise hat sich der Bestandstrend in einigen Regionen leicht umgekehrt. Die unermüdlichen Bemühungen von Naturschützern, unterstützt durch Fortschritte in der Technologie und verstärkte internationale Zusammenarbeit, haben zu einem Hoffnungsschimmer geführt. Durch Schutzprogramme, erfolgreiche Wiederansiedlungen und die Einrichtung von Schutzgebieten haben sich die Tigerpopulationen in einigen Gebieten erholt. Auch wenn ihre Bestände nach wie vor bedrohlich niedrig sind, so sind diese kleinen Erfolge doch ein Hoffnungsschimmer und ein Beweis für die Widerstandsfähigkeit dieser königlichen Raubkatzen.

Mit dem besseren Verständnis der Bedeutung dieser großartigen Tiere und der Herausforderungen, mit denen sie konfrontiert sind, entsteht ein unbestreitbares Gefühl der Dringlichkeit, wenn wir uns auf die Suche nach dem Schutz des Tigers machen. Das Schicksal des Tigers liegt in unseren Händen, eine Verantwortung, die über die bloße Erhaltung einer Art hinausgeht. Es geht darum, das komplizierte Netz des Lebens zu schützen, den zarten Teppich, der die natürliche Welt zusammenhält.

Die Zeit zum Handeln ist jetzt gekommen, denn diese beeindruckenden Kreaturen verdienen nichts Geringeres als unser unermüdliches Engagement. Die zweite Hälfte dieses Abschnitts befasst sich mit innovativen Lösungen und neuer Hoffnung, die den Weg in eine Zukunft erhellen, in der Tiger frei umherstreifen, unsere Fantasie leiten und ein ewiges Zeichen ihrer Anwesenheit auf dieser Erde hinterlassen.

Jeder Tag, der vergeht, bringt uns näher an eine kritische Kreuzung auf dem Weg zur Rettung der Tiger vor dem Aussterben. Doch inmitten der drohenden Dunkelheit brechen neue Hoffnungsschimmer durch, die den Weg in eine bessere Zukunft für diese majestätischen Kreaturen erhellen.

Innovative Lösungen und eine neu entfachte Entschlossenheit sind entstanden, die die Widerstandsfähigkeit sowohl der Tiger als auch des menschlichen Geistes unter Beweis stellen.

Naturschutzinitiativen haben sich weiterentwickelt, um den sich ständig ändernden Herausforderungen für Tiger gerecht zu werden. Ein solcher innovativer Ansatz ist der Einsatz modernster Technologie zur Überwachung und zum Schutz dieser prächtigen Raubkatzen. Wissenschaftler und Forscher haben sich die Möglichkeiten der Fernerkundung, der GPS-Ortung und der DNA-Analyse zunutze gemacht, um wertvolle Erkenntnisse über das Verhalten von Tigern, Populationsmuster und die Vernetzung von Lebensräumen zu gewinnen.

Durch den Einsatz von hochauflösenden Satellitenbildern und Luftaufnahmen können Naturschützer nun potenzielle Lebensräume von Tigern identifizieren und bewerten und so die Einrichtung von Schutzgebieten gewährleisten, die ihren spezifischen Bedürfnissen gerecht werden. GPS-Halsbänder mit Geo-Fencing-Technologie ermöglichen eine Verfolgung in Echtzeit, so dass schnell auf Bedrohungen oder Konflikte zwischen Tigern und menschlichen Siedlungen reagiert werden kann.

Fortschritte in der DNA-Analyse haben den Kampf gegen die Wilderei revolutioniert, indem sie die Identifizierung einzelner Tiger durch genetische Profilierung ermöglichen. Diese Technik hilft bei der Überwachung von Tigerpopulationen, beim Aufspüren illegaler Wildtierhandelsrouten und beim Sammeln von Beweisen für die Strafverfolgung.

Die Zusammenarbeit zwischen Regierungen, Nichtregierungsorganisationen (NRO) und lokalen Gemeinschaften ist ein entscheidender Eckpfeiler erfolgreicher Bemühungen zum Schutz von Tigern. Durch gemeinsame Initiativen, wie z. B. gemeindebasierte Anti-Wilderei-Einheiten und Ökotourismus-Programme, werden lokale Gemeinschaften zu aktiven Akteuren bei der Erhaltung von Tigerlebensräumen.

Diese Initiativen gehen nicht nur gegen die unmittelbare Bedrohung von Tigern vor, sondern bieten den Menschen, die in und um Tigerlandschaften leben, auch eine nachhaltige Lebensgrundlage. Indem wir die lokalen Gemeinschaften in die Lage versetzen, Hüter von Tigern zu werden, fördern wir ein Gefühl der Eigenverantwortung und der gemeinsamen Verantwortung für ihren Schutz. Dieser kooperative Ansatz erhöht nicht nur die Wirksamkeit der Schutzbemühungen, sondern fördert auch eine tiefere Verbindung zwischen Menschen und Tigern und erkennt die gegenseitige Abhängigkeit zwischen unseren Arten an.

Sensibilisierungskampagnen haben ebenfalls eine wichtige Rolle dabei gespielt, Unterstützung für den Tigerschutz zu gewinnen. Von Bildungsprogrammen in Schulen und Universitäten bis hin zu Medieninitiativen, die die breite Masse erreichen, haben diese Bemühungen die öffentliche Wahrnehmung verändert und ein Gefühl der Dringlichkeit geweckt. Durch fesselnde Dokumentarfilme, atemberaubende Tierfotografien und fesselnde Erzählungen hat sich das Bild von der Düsternis in ein Bild der Möglichkeiten gewandelt.

Immer mehr Menschen erkennen den Wert einer Welt, in der Tiger vorkommen. Sie erkennen, wie wichtig es ist, nicht nur die Art zu erhalten, sondern auch die Ökosysteme, deren Gleichgewicht und Stabilität von Tigern abhängen. Von Kindern, die Kleingeld sammeln, um Tigerschutzprojekte zu finanzieren, bis hin zu Prominenten, die ihre Stimme als Botschafter zur Verfügung stellen, umspannen diese kollektiven Bemühungen die Kontinente und überschreiten die Grenzen.

Die internationale Zusammenarbeit hat den Kampf gegen die Tigerwilderei und den illegalen Wildtierhandel erfolgreich verstärkt. Die Zusammenarbeit zwischen Regierungen, internationalen Organisationen, Strafverfolgungsbehörden und Wildtierschutzgruppen hat den Informationsaustausch, grenzüberschreitende Ermittlungen und koordinierte Bemühungen zur Zerschlagung krimineller Netzwerke, die in den illegalen Handel mit Tigerteilen verwickelt sind, erleichtert.

Das Ergebnis dieser gemeinsamen Bemühungen lässt sich an den positiven Anzeichen ablesen, die in bestimmten Regionen zu beobachten sind. Im Rahmen von Wiederansiedlungsprogrammen haben Tiger langsam verlorene Gebiete zurückerobert und sind nun wieder in den Landschaften zu finden, die sie einst ihr Zuhause nannten. Die Ausweisung großer Landstriche als Schutzgebiete hat den Tigern sichere Zufluchtsorte geboten, in denen sie gedeihen, sich vermehren und das empfindliche ökologische Gleichgewicht bewahren können.

Auch wenn diese Erfolge gefeiert werden sollten, müssen wir wachsam bleiben und unsere Erhaltungsbemühungen fortsetzen. Die Herausforderungen, mit denen Tiger konfrontiert sind, sind komplex und vielschichtig und erfordern ein kontinuierliches Engagement für Anpassung, Forschung und Bildung. Auf unserem Weg nach vorn müssen wir betonen, wie wichtig es ist, ein Gleichgewicht zwischen Entwicklung und Schutz zu wahren, um die ökologische Integrität für künftige Generationen zu gewährleisten.

Lassen Sie uns zum Abschluss dieser Erkundung des Schutzes von Tigern den Optimismus, der uns bisher getragen hat, zum Katalysator für unser Handeln werden. Das Schicksal der Tiger liegt in unseren Händen, und die Verantwortung, ihre Zukunft zu sichern, geht weit über die Rettung einer Art hinaus. Es ist eine Verpflichtung, die Essenz des Lebens auf der Erde zu schützen und die Harmonie zwischen Mensch und Natur zu fördern.

Lassen Sie uns in diesem Bestreben zusammenstehen, angetrieben von einer gemeinsamen Vision einer Zukunft, in der Tiger frei umherstreifen und ihre majestätische Präsenz Ehrfurcht und Verehrung hervorruft. Gemeinsam können wir sicherstellen, dass das Vermächtnis der Menschheit an künftige Generationen von Mitgefühl, Verantwortungsbewusstsein und der Bewahrung der bedrohten Majestät der Erde - den Tigern - geprägt ist.

ABSCHNITT 2: DEN TIGER VERSTEHEN

Tauchen Sie ein in die Welt der Tiger und gewinnen Sie Einblicke in ihr Verhalten, ihren Lebensraum und ihre ökologische Bedeutung, die die Grundlage für die Bemühungen zum Schutz der Tiger bilden.

Tiger, die majestätischen Raubkatzen, die über die Wälder und Graslandschaften Asiens herrschen, haben seit Jahrhunderten die Fantasie der Menschen beflügelt. Mit ihren markanten orange-schwarzen Streifen und ihren stechenden Augen symbolisieren sie Stärke, Macht und Schönheit. Doch hinter diesen schwer fassbaren Kreaturen verbirgt sich so viel mehr, als man auf den ersten Blick sieht. Um den Tiger zu verstehen, muss man eine Reise in seine komplexe Welt unternehmen, in der jeder Aspekt seiner Existenz eine wichtige Rolle spielt.

Das Verhalten, der erste Schlüssel zum Verständnis des Tigerreichs, bietet faszinierende Offenbarungen. Tiger sind Einzelgänger und bevorzugen die meiste Zeit ihres Lebens ihre eigene Gesellschaft. Die Männchen bewachen ihr Revier erbittert, patrouillieren durch weite Gebiete und markieren ihre Anwesenheit mit Duftmarken und Gebrüll, das durch den Wald schallt. Mit ihrem scharfen Geruchssinn und ihrem außergewöhnlichen Gehör sind Tiger verstohlene Jäger, die sich lautlos an ihre Beute heranpirschen, um das Überraschungsmoment zu wahren. Ihr auf Beweglichkeit und Präzision ausgelegter Körper erlaubt es ihnen, sich mit unvergleichlicher Geschicklichkeit auf ahnungslose Opfer zu stürzen.

Die Beobachtung von Tigern in ihrem natürlichen Lebensraum wirft auch ein Licht auf ihre Anpassungsfähigkeit, da sie in ganz Asien verschiedene Ökosysteme bewohnen. Von den dichten Regenwäldern Südostasiens bis zu den verschneiten Landschaften des russischen Fernen Ostens haben sie es geschafft, ihre Nische zu finden. Tiger haben sich an extreme Temperaturen angepasst, so dass sie sowohl in brütender Hitze als auch in eisiger Kälte gedeihen können. Diese Anpassungsfähigkeit ist entscheidend für ihr Überleben in einer sich ständig verändernden Welt, in der sie zahlreichen Herausforderungen wie dem Verlust ihres Lebensraums und dem Klimawandel ausgesetzt sind.

Apropos Lebensraum: Tiger sind auf vielfältige Ökosysteme angewiesen, die ihnen alles bieten, was sie zum Überleben und Gedeihen brauchen. Die dichten Wälder bieten ihnen Schutz und dienen als Tarnung für ihr gestreiftes Fell, während Flüsse und Seen sie mit frischem Wasser versorgen, damit sie trinken und sich darin abkühlen können. Es sind jedoch die Beutetiere, die den Lebensraum des Tigers wirklich prägen. Das Vorhandensein zahlreicher Pflanzenfresser, wie Hirsche und Wildschweine, sorgt für eine ständige Nahrungsversorgung dieser prächtigen Raubtiere.

Aber warum sollten wir uns mit dem Verständnis des Tigers und seiner Welt beschäftigen? Die Antwort liegt in ihrer ökologischen Bedeutung. Tiger sind Spitzenprädatoren und regulieren das empfindliche Gleichgewicht der Natur. Indem sie die Populationen von Pflanzenfressern kontrollieren, verhindern sie eine Überweidung und sichern die Gesundheit der Vegetation. Gesunde Wälder wiederum bieten uns zahlreiche Vorteile, wie saubere Luft, Wasserfilterung und Lebensraum für unzählige andere Arten.

Darüber hinaus spielt die charismatische Präsenz des Tigers eine entscheidende Rolle bei den Erhaltungsbemühungen. Als Vorzeigetiger ziehen sie die Aufmerksamkeit der Öffentlichkeit auf sich, erwecken Ehrfurcht und werden zu Botschaftern für die Erhaltung ganzer Ökosysteme. Ihr Kultstatus hat weltweite Initiativen zu ihrem Schutz ausgelöst, die zur Einrichtung von Schutzgebieten und zur Gründung von Naturschutzorganisationen geführt haben, die sich für ihren Erhalt einsetzen.

Mit all diesen Erkenntnissen müssen wir die Dringlichkeit des Schutzes von Tigern und ihren Lebensräumen anerkennen. Ihre Populationen sind im Laufe der Jahre dramatisch zurückgegangen, vor allem aufgrund von Wilderei und Lebensraumzerstörung. Doch es gibt Hoffnung. Die Bemühungen zum Schutz der Tiger sind vielversprechend, und engagierte Naturschützer arbeiten unermüdlich daran, diese großartigen Tiere zu schützen.

Wenn wir die komplizierte Welt, in der Tiger leben, verstehen, können wir ihre Bedeutung und die Dringlichkeit zum Handeln besser einschätzen. In der zweiten Hälfte dieses Abschnitts werden wir uns eingehender mit den Schutzbemühungen befassen und die Herausforderungen und Fortschritte beleuchten. Seien Sie dabei, wenn wir die unermüdliche Arbeit erkunden, die geleistet wird, um eine bessere Zukunft für diese ikonischen Katzen und die Ökosysteme, die sie beheimaten, zu sichern.

Und nun, da wir uns tiefer in das Gebiet des Tigerschutzes vorwagen, entdecken wir die bemerkenswerten Geschichten von Hingabe und Widerstandskraft, die ihre Geschichte prägen...Und nun, da wir uns tiefer in das Gebiet des Tigerschutzes vorwagen, entdecken wir die bemerkenswerten Geschichten von Hingabe und Widerstandskraft, die ihre Geschichte prägen.

An der Spitze des Tigerschutzes stehen leidenschaftliche Menschen, die sich unermüdlich für den Schutz dieser ikonischen Raubkatzen einsetzen. Diese engagierten

Naturschützer sind sich der Dringlichkeit und des Ernstes der Lage bewusst, und ihre Bemühungen haben zu vielversprechenden Ergebnissen geführt. Durch eine Kombination aus wissenschaftlicher Forschung, Engagement in den Gemeinden, Initiativen zur Bekämpfung der Wilderei und der Erhaltung von Lebensräumen haben sie einen großen Einfluss auf die Sicherung der Zukunft der Tiger und ihrer Lebensräume.

Eine der größten Herausforderungen bei der Erhaltung des Tigers ist der Kampf gegen den illegalen Wildtierhandel, der die Wilderei anheizt und die Existenz dieser majestätischen Tiere bedroht. Tiger sind wegen ihrer Knochen, Haut und anderer Körperteile sehr begehrt, die in der traditionellen Medizin, für Luxusprodukte und sogar als Statussymbole verwendet werden. Die Nachfrage nach diesen Gegenständen treibt die Wilderei unaufhaltsam voran und setzt die Tigerpopulationen unter immensen Druck. Naturschutzorganisationen und Strafverfolgungsbehörden arbeiten jedoch mit Nachdruck daran, diesen illegalen Handel zu unterbinden und Tiger vor der Ausbeutung zu Gewinnzwecken zu schützen.

Die Zusammenarbeit zwischen Regierungen, Nichtregierungsorganisationen und lokalen Gemeinschaften hat sich als entscheidend für den Schutz von Tigern erwiesen. Es ist wichtig, die lokalen Gemeinschaften, die in und um die Lebensräume der Tiger leben, einzubeziehen und zu stärken, da sie eine entscheidende Rolle beim Schutz dieser majestätischen Kreaturen spielen. Indem wir die Gemeinden in die Erhaltungsmaßnahmen einbeziehen, ihnen alternative Einkommensmöglichkeiten bieten, einen nachhaltigen Tourismus fördern und das Bewusstsein für die Bedeutung der Erhaltung von Tigern schärfen, fördern wir ein Gefühl der Eigenverantwortung und des Stolzes auf den Schutz dieser großartigen Tiere.

Schutzgebiete sind lebenswichtige Hochburgen für Tiger und bieten ihnen sichere Zufluchtsorte, in denen sie sich frei bewegen und entfalten können. Diese Gebiete sind der

Eckpfeiler des Tigerschutzes und sorgen dafür, dass ihre Lebensräume intakt und frei von menschlichen Eingriffen bleiben. Durch die Einrichtung von Wildtierreservaten, Nationalparks und Schutzgebieten schaffen Naturschützer Räume, in denen Tiger ohne Angst leben und sich fortpflanzen können. Darüber hinaus tragen diese Schutzgebiete auch zur Erhaltung zahlreicher anderer Arten bei und fördern die Artenvielfalt und das ökologische Gleichgewicht.

Auch die Technologie spielt eine wichtige Rolle bei der Erhaltung des Tigers, denn sie hilft den Forschern, diese schwer fassbaren Tiere zu überwachen und zu verstehen. Innovative Methoden wie Kamerafallen, Satellitenüberwachung und genetische Analysen liefern wertvolle Erkenntnisse über das Verhalten, die Populationsdynamik und die Bewegungsmuster von Tigern. Dieses Wissen hilft nicht nur bei der Entwicklung von Schutzstrategien, sondern verbessert auch unser Verständnis für das komplizierte Netz des Lebens, in dem Tiger ein wichtiger Teil sind.

Die internationale Zusammenarbeit ist von entscheidender Bedeutung für den Erfolg der Bemühungen zum Schutz des Tigers. Organisationen wie der World Wildlife Fund, das Global Tiger Forum und das Übereinkommen über den internationalen Handel mit gefährdeten Arten freilebender Tiere und Pflanzen (CITES) spielen eine wichtige Rolle bei der Erleichterung der Zusammenarbeit zwischen den Ländern, dem Wissensaustausch und der Koordinierung von Schutzinitiativen. Durch die Zusammenarbeit kann die internationale Gemeinschaft eine einheitliche Front zum Schutz von Tigern und ihren Lebensräumen in ihrem gesamten Verbreitungsgebiet bilden.

Die unermüdliche Arbeit zur Erhaltung der Tiger ist nicht ohne Herausforderungen. Die rasche Urbanisierung, die Abholzung der Wälder und der Klimawandel bedrohen weiterhin ihre Lebensräume. Da die Nachfrage nach Land und Ressourcen steigt, besteht die Gefahr, dass Tigerpopulationen fragmentiert und isoliert werden. Daher ist es von entscheidender Bedeutung, ökologische Korridore zu schaffen, die verschiedene Lebensräume miteinander verbinden und den Genfluss zwischen Tigerpopulationen ermöglichen.

Trotz dieser Hindernisse haben die Schutzbemühungen bemerkenswerte Fortschritte gemacht. In den letzten Jahren gab es einen Hoffnungsschimmer, als sich einige Tigerpopulationen zu stabilisieren begannen und sogar zunahmen. Dies zeigt die Kraft kollektiven Handelns und die Widerstandsfähigkeit dieser prächtigen Raubkatzen.

Zum Abschluss dieses Abschnitts über das Verständnis des Tigers werden wir daran erinnert, welch unschätzbare Rolle diese majestätischen Geschöpfe in unserer Welt spielen. Sie sind ein Sinnbild für Wildnis und Schönheit und erwecken bei allen, die ihnen begegnen, Ehrfurcht und Verehrung. Tiger erinnern uns an die dringende Notwendigkeit, unser natürliches Erbe zu schützen und auf eine Zukunft hinzuarbeiten, in der sowohl Menschen als auch Wildtiere harmonisch koexistieren können.

In den nächsten Abschnitten dieses Buches werden wir uns noch eingehender mit den Schutzbemühungen in den verschiedenen Tigerlebensräumen befassen und die innovativen Strategien, die umgesetzt wurden, die Erfolgsgeschichten und die Herausforderungen, die vor uns liegen, untersuchen. Begleiten Sie uns auf unserem Weg zu einer besseren Zukunft für diese prächtigen Tiere und die Ökosysteme, die sie beheimaten.

ABSCHNITT 3: AM RANDE DES AUSSTERBENS

Erforschen Sie die Gründe für den drastischen Rückgang der Tigerpopulationen, darunter Wilderei, Lebensraumverlust und Konflikte zwischen Mensch und Tier, und entdecken Sie die schrecklichen Folgen, die uns drohen, wenn keine Maßnahmen ergriffen werden.

Die Welt, in der diese prächtigen Kreaturen leben, hat sich im Laufe der Jahre drastisch verändert. Tiger, die einst als Symbol für Macht und Stärke verehrt wurden, kämpfen heute um ihr Überleben. Ihre Population hat einen kritischen Tiefpunkt erreicht, so dass sie am Rande der Ausrottung stehen. Doch wie konnte es so weit kommen? Welche Faktoren sind für diesen Rückgang verantwortlich, und welche Folgen drohen uns, wenn wir nicht handeln?

Eine der größten Bedrohungen für Tiger ist die unerbittliche Wilderei. Diese majestätischen Tiere sind dem illegalen Wildtierhandel zum Opfer gefallen, bei dem ihre Körperteile, wie Knochen, Haut und Zähne, in der traditionellen Medizin oder als Luxusartikel einen erheblichen Wert haben. Trotz nationaler und internationaler Bemühungen, dieses Problem zu bekämpfen, hält die Nachfrage nach Tigerteilen an und treibt

Wilderer dazu, ihre rücksichtslose Jagd fortzusetzen. Die Folgen dieser verheerenden Praxis beschränken sich nicht auf den Verlust einzelner Tiger, sondern stören ganze Ökosysteme und gefährden das empfindliche Gleichgewicht der Natur.

Eine weitere kritische Herausforderung für Tiger ist der Verlust ihrer natürlichen Lebensräume. Die rasche Verstädterung und das Vordringen des Menschen in einstmals unberührte Tigergebiete haben zu zersplitterten Landschaften und immer weniger Platz für das Gedeihen dieser großartigen Kreaturen geführt. Da die menschliche Bevölkerung wächst, werden Wälder gerodet, um Platz für Landwirtschaft, Infrastruktur und Siedlungen zu schaffen, was zu einer erheblichen Zerstörung von Lebensräumen führt. Da Tiger ein großes Territorium benötigen, sind sie auf isolierte Gebiete beschränkt, was es ihnen erschwert, Beute zu finden, sich zu paaren und ihre Jungen erfolgreich aufzuziehen.

Konflikte zwischen Mensch und Wildtier verschärfen die Herausforderungen für Tiger noch weiter. Da ihre Lebensräume schrumpfen und die Ressourcen knapp werden, befinden sich Tiger in unmittelbarer Nähe zu menschlichen Siedlungen. Solche Begegnungen führen häufig zu Zusammenstößen zwischen Menschen und Tigern, die sowohl zu tödlichen als auch zu nicht-tödlichen Angriffen führen. Tragischerweise verstärkt der Verlust von Menschenleben die negative Stimmung gegenüber Tigern und verschlimmert die Situation weiter. Die Bedürfnisse der lokalen Gemeinschaften und die Erhaltung der Tigerpopulationen in Einklang zu bringen, ist eine heikle und komplexe Aufgabe, die innovative Erhaltungsstrategien und die Zusammenarbeit aller Beteiligten erfordert.

Wenn wir jedoch diesen Weg der Vernachlässigung und Untätigkeit fortsetzen, werden die Folgen schrecklich sein. Der Verlust von Tigern würde das Aussterben einer außergewöhnlichen Spezies bedeuten, die seit Jahrhunderten die menschliche Fantasie beflügelt hat. Ihr Verschwinden wäre ein enormer Schlag für die weltweite Artenvielfalt, der die natürlichen Ökosysteme stören und möglicherweise zu einer Kaskade von Aussterbeereignissen bei verschiedenen Arten führen würde.

Der Verlust des Spitzenprädators in diesen Landschaften würde zu einem Überangebot an Pflanzenfressern führen, was eine Überweidung und eine Verschlechterung des Lebensraums zur Folge hätte. Dies wiederum würde das empfindliche Gleichgewicht des Ökosystems beeinträchtigen und nicht nur Pflanzen, sondern auch andere Tierarten in Mitleidenschaft ziehen. Die Abwesenheit von Tigern würde die Raubtier-Beute-Dynamik stören und zu Ungleichgewichten führen, die sich in der gesamten Nahrungskette widerspiegeln.

Darüber hinaus hätte der mögliche Verlust von Tigern auch tiefgreifende kulturelle und wirtschaftliche Auswirkungen. Diese ikonischen Tiere sind in vielen Kulturen von immenser Bedeutung und symbolisieren Macht, Schutz und spirituelle Überzeugungen. Das Verschwinden der Tiger wäre ein unersetzlicher Verlust, der die tiefe Verbindung, die die Menschen im Laufe der Geschichte zu diesen majestätischen Wesen aufgebaut haben, unterbrechen würde. Darüber hinaus hängt die Tourismusindustrie in hohem Maße vom Reiz ab, Tiger in ihrem natürlichen Lebensraum zu erleben, was Besucher aus der ganzen Welt anlockt und zur lokalen Wirtschaft beiträgt. Ohne Tiger würden nicht nur diese Gemeinden wirtschaftlich leiden, sondern der Verlust würde auch von Naturliebhabern auf der ganzen Welt wahrgenommen werden.

Angesichts dieser düsteren Aussichten müssen wir unbedingt jetzt handeln, um das tragische Schicksal der Tiger abzuwenden. Die Zeit drängt, und es bedarf konzertierter Anstrengungen, um die Wilderei zu bekämpfen, kritische Tigerlebensräume zu erhalten und wiederherzustellen und Konflikte zwischen Mensch und Wildtier zu entschärfen. Durch eine stärkere Sensibilisierung, die Unterstützung der Öffentlichkeit und solide Schutzmaßnahmen können wir den Weg für eine bessere Zukunft ebnen, in der Tiger wieder gedeihen und über ihr rechtmäßiges Revier herrschen.

Wenn wir uns eingehender mit diesem kritischen Thema befassen, werden uns die Lösungen und Initiativen, die bereits laufen, Hoffnung und Inspiration geben. Indem wir den Ernst der Lage erkennen und uns bewusst machen, dass wir etwas bewirken können, können wir einen Wandel herbeiführen, der eine bessere Zukunft für Tiger und alle, die ihr Zuhause teilen, gewährleistet. Im nächsten Teil dieses Abschnitts werden wir uns mit den laufenden Schutzbemühungen befassen und vielversprechende Strategien vorstellen, die Hoffnung für das Überleben dieser majestätischen Tiere bieten. Die Zeit drängt, und es bedarf konzertierter Anstrengungen, um die Wilderei zu bekämpfen, kritische Tigerlebensräume zu erhalten und wiederherzustellen und Konflikte zwischen Mensch und Wildtier zu entschärfen. Durch eine stärkere Sensibilisierung, die Unterstützung der Öffentlichkeit und solide Schutzmaßnahmen können wir den Weg für eine bessere Zukunft ebnen, in der Tiger wieder gedeihen und über ihr rechtmäßiges Revier herrschen.

Wenn wir uns eingehender mit diesem kritischen Thema befassen, werden uns die Lösungen und Initiativen, die bereits laufen, Hoffnung und Inspiration geben. Indem wir den Ernst der Lage erkennen und uns bewusst machen, dass wir etwas bewirken können, können wir einen Wandel herbeiführen, der den Tigern und allen, die ihr Zuhause teilen, eine bessere Zukunft sichert.

Naturschutzorganisationen, Regierungen und lokale Gemeinschaften auf der ganzen Welt haben ihre Kräfte gebündelt, um die Tigerpopulation zu schützen und zu erhalten. Ein wichtiger Schritt ist die Einrichtung von Schutzgebieten und Nationalparks, die dem Tigerschutz gewidmet sind. Diese Zufluchtsorte bieten den Tigern sichere Räume, in denen sie sich frei bewegen können, fernab von menschlichen Eingriffen und potenziellen Bedrohungen durch Wilderei. Länder wie Indien, Bangladesch und Nepal haben beispielsweise erhebliche Fortschritte bei der Einrichtung und Verwaltung von Tigerreservaten, der Verbesserung von Schutzmaßnahmen und der Durchführung strenger Anti-Wilderei-Maßnahmen gemacht.

Außerdem wurde der Kampf gegen die Wilderei durch die Einführung strengerer Gesetze und Strafen intensiviert. Internationale Abkommen wie das Übereinkommen über den internationalen Handel mit gefährdeten Arten freilebender Tiere und Pflanzen (CITES) haben eine entscheidende Rolle bei der Regulierung des illegalen Handels mit Tigerteilen gespielt. Die verstärkte Zusammenarbeit zwischen Regierungen, Strafverfolgungsbehörden und Nichtregierungsorganisationen hat zu umfangreichen Beschlagnahmungen von Tigerprodukten geführt, die Wilderernetzwerke zerschlagen und die Lieferkette unterbrochen haben.

Um dem Verlust von Lebensraum entgegenzuwirken, wurden verschiedene Projekte zur Wiederbelebung initiiert. Diese Initiativen konzentrieren sich auf die Wiederherstellung geschädigter Landschaften, die Schaffung ökologischer Korridore und die Verbindung fragmentierter Lebensräume, damit sich Tiger frei bewegen und geeignete Gebiete aufsuchen können. Durch Aufforstungsmaßnahmen sollen die natürlichen Lebensräume, die durch die Abholzung verloren gegangen sind, wiederhergestellt werden, um den Tigern den nötigen Raum für die Jagd, die Fortpflanzung und die Aufzucht ihrer Jungen zu bieten.

Es gibt auch innovative Ansätze zur Entschärfung von Konflikten zwischen Mensch und Wildtieren und zur Förderung der Koexistenz. Lokale Gemeinschaften werden in Entscheidungsprozesse einbezogen und erhalten alternative Erwerbsmöglichkeiten, die ihre Abhängigkeit von natürlichen Ressourcen verringern. Dadurch wird nicht nur der Druck auf die Lebensräume der Tiger gemindert, sondern auch das Gefühl der Eigenverantwortung für die Schutzbemühungen gefördert. Darüber hinaus haben sich Maßnahmen wie der Bau von raubtiersicheren Zäunen, die Einrichtung von Frühwarnsystemen und der Einsatz von geschulten

Einsatzteams als wirksam erwiesen, um Konflikte zu verringern und das Risiko von Begegnungen zwischen Mensch und Tiger zu minimieren.

Die Bedeutung von Bildung und Sensibilisierung kann in diesem Kampf um die Erhaltung der Tiger nicht unterschätzt werden. Es werden Anstrengungen unternommen, um lokale Gemeinschaften, Schulen und Touristen über die Bedeutung des Tigerschutzes und den Wert dieser majestätischen Kreaturen für die Erhaltung eines gesunden ökologischen Gleichgewichts aufzuklären. Indem wir ein Gefühl des Stolzes und der Verantwortung gegenüber den Tigern fördern, können wir eine kollektive Entschlossenheit zum Schutz ihrer Zukunft kultivieren.

Obwohl die Herausforderungen immens sind, geben die bisherigen Fortschritte und die laufenden Bemühungen Hoffnung für das Überleben der Tiger. Es bleibt jedoch noch viel zu tun. Die Regierungen auf der ganzen Welt müssen weiterhin ausreichende Ressourcen und Unterstützung bereitstellen, um die Gesetze zum Schutz der Wildtiere durchzusetzen, die Maßnahmen zur Bekämpfung der Wilderei zu verstärken und in die Wiederherstellung von Lebensräumen zu investieren. Darüber hinaus sind internationale Kooperation und Zusammenarbeit von entscheidender Bedeutung, um die Nachfrage nach Tigerprodukten zu bekämpfen, gegen illegale Handelsnetze vorzugehen und nachhaltige Entwicklungspraktiken zu fördern.

Angesichts der zunehmenden weltweiten Anerkennung der dringenden Notwendigkeit, diese ikonischen Arten zu schützen, ist es nun an der Zeit, dass jeder Einzelne einen Beitrag zu diesem Thema leistet. Jeder Einzelne von uns kann etwas bewirken, sei es durch die Unterstützung von Naturschutzorganisationen, durch das Eintreten für politische Veränderungen oder durch nachhaltige Entscheidungen in unserem täglichen Leben.

Indem wir uns für den Schutz des Tigers einsetzen, bewahren wir nicht nur die Existenz einer großartigen Tierart, sondern auch die reiche Artenvielfalt unseres Planeten. Tiger stehen für unsere kollektive Verantwortung, die natürliche Welt, in der wir leben, zu schützen und zu bewahren. Gemeinsam können wir eine Zukunft schaffen, in der Tiger weiterhin Ehrfurcht und Bewunderung hervorrufen und uns an die Kraft der Widerstandsfähigkeit und das außergewöhnliche Potenzial für positive Veränderungen erinnern. Lassen Sie uns mit vereinten Kräften auf eine bessere Zukunft hinarbeiten, in der diese anmutigen Geschöpfe frei in unseren Wäldern umherstreifen und ein Vermächtnis der Harmonie und Koexistenz für kommende Generationen sicherstellen.

ABSCHNITT 4: NATURSCHUTZ IN AKTION

Entdecken Sie die inspirierenden Bemühungen von Einzelpersonen und Organisationen auf der ganzen Welt, die sich unermüdlich für den Schutz von Tigern einsetzen, Erhaltungsstrategien umsetzen und das Engagement der Gemeinschaft fördern. In jedem Winkel der Welt schließen sich leidenschaftliche Naturschützer zusammen, um etwas zu verändern, angetrieben von ihrer gemeinsamen Entschlossenheit, eine bessere Zukunft für diese majestätischen Tiere zu sichern. Ihr unerschütterliches Engagement zeigt uns die Kraft der Einigkeit und das transformative Potenzial gemeinsamer Aktionen.

Eine solche Heldin des Naturschutzes ist **Dr. Priya Sharma**, eine renommierte Wildtierbiologin und Verfechterin der Tigererhaltung in Indien. Angetrieben von ihrer Liebe zur Natur und einem tief verwurzelten Verantwortungsbewusstsein hat sie ihr Leben dem Schutz von Tigern und ihren Lebensräumen gewidmet. Mit ihrem umfassenden Wissen und ihrer Erfahrung hat Dr. Sharma innovative Strategien zur Entschärfung von Konflikten zwischen Menschen und Tigern entwickelt, die das Zusammenleben und die Harmonie zwischen lokalen

Gemeinschaften und diesen schwer fassbaren Raubtieren erleichtern.

Unter der Leitung von Dr. Sharma wurde das "Tiger Guardian"-Programm ins Leben gerufen, mit dem die lokalen Gemeinschaften gestärkt und für den Schutz des Tigers sensibilisiert werden sollen. Durch Aufklärungs- und Sensibilisierungskampagnen hat sie erfolgreich die Unterstützung der Dorfbewohner gewonnen und sie zu begeisterten Botschaftern des Naturschutzes gemacht. Durch die Einbeziehung dieser Gemeinden in die Überwachung der Tigerpopulationen und die Erhaltung ihrer Lebensräume hat Dr. Sharma ein Netzwerk engagierter Menschen geschaffen, die aktiv zum Schutz der Tiere beitragen. Ihre gemeinsamen Bemühungen haben nicht nur zu einem Rückgang der Konflikte zwischen Mensch und Tier geführt, sondern auch das sozioökonomische Wohlergehen der betroffenen Gemeinden verbessert.

Wir durchqueren die Kontinente und befinden uns im dichten Dschungel von Sumatra, wo die Sumatra Tiger Conservation Foundation (STCF) ein Pfeiler der Hoffnung ist. Diese von Dr. Raja Hasan geleitete Organisation steht an vorderster Front im Kampf gegen den Verlust von Lebensräumen und den Handel mit Wildtieren. Angesichts der Tatsache, dass der Sumatra-Tiger aufgrund der grassierenden Abholzung und Wilderei vom Aussterben bedroht ist, hat Dr. Hasans unerschütterliche Entschlossenheit zu bedeutenden Fortschritten beim Schutz dieser bedrohten Art geführt.

Der STCF hat in Zusammenarbeit mit lokalen Behörden und Naturschutzorganisationen einen vielschichtigen Ansatz umgesetzt, um die Zukunft des Sumatra-Tigers zu sichern. Durch Landerwerb und Wiederaufforstungsinitiativen konnten sie erfolgreich Schutzgebiete ausweiten und den Tigern sichere Rückzugsgebiete bieten. Darüber hinaus führt die Organisation rigorose Anti-Wilderer-Operationen durch, zerschlägt illegale Wildtierhandelsnetze und sorgt für Gerechtigkeit für diese majestätischen Tiere.

Das Besondere am Schutzmodell des STCF ist die Einbeziehung der lokalen Gemeinschaften in seine Bemühungen. Dr. Hasan ist der festen Überzeugung, dass ein nachhaltiger Schutz nur erreicht werden kann, wenn man auf die Bedürfnisse und Wünsche der Menschen eingeht, die mit diesen außergewöhnlichen Lebewesen zusammenleben. Durch die Förderung des gemeindebasierten Ökotourismus und das Angebot alternativer Erwerbsmöglichkeiten hat die STCF nicht nur die Konflikte zwischen Mensch und Wildtieren verringert, sondern auch wirtschaftliche Möglichkeiten für die lokale Bevölkerung geschaffen. Durch diesen integrierten Ansatz hat die Stiftung ein Gefühl der gemeinsamen Verantwortung gefördert und eine Gemeinschaft kultiviert, die sich aktiv für die Erhaltung der Tiger einsetzt.

Im Herzen Afrikas treffen wir auf die Panthera-Initiative, eine internationale Organisation, die sich für den Schutz von Großkatzen, einschließlich Tigern, einsetzt. Unter der Leitung von Dr. Julia Mbeki, einer renommierten Tierärztin für Wildtiere, arbeitet die Panthera-Initiative mit lokalen Regierungen, Nichtregierungsorganisationen und indigenen Gemeinschaften zusammen, um kritische Tigerlebensräume in der Region zu schützen und wiederherzustellen.

Das Team von Dr. Mbeki ist sich der Vernetzung der Ökosysteme bewusst und konzentriert sich auf die Erhaltung großer Landschaften, um die Wanderung und Ausbreitung von Tigern und damit die genetische Vielfalt zu fördern. Durch die Zusammenarbeit mit lokalen Gemeinschaften fördert die Initiative nachhaltige Landnutzungspraktiken und sensibilisiert gleichzeitig für die Bedeutung des Schutzes dieser Spitzenraubtiere. Durch evidenzbasierte Forschung und strenge wissenschaftliche Überwachung bietet die Panthera-Initiative wichtige Einblicke in das Verhalten von Tigern und liefert so Informationen für gezielte Schutzmaßnahmen und politische Reformen.

Die unermüdlichen Bemühungen von **Dr. Priya Sharma**, **Dr. Raja Hasan** und **Dr. Julia Mbeki sind ein** leuchtendes

Zeichen der Hoffnung. Ihre Initiativen zeigen, wie wichtig gemeinsames Handeln und das Engagement der Gemeinschaft sind, um die Zukunft der Tiger zu sichern. Mit jedem Tag, der vergeht, erinnern uns ihre Bemühungen daran, dass die Herausforderungen zwar groß sein mögen, eine Pfote für eine bessere Zukunft aber fest in unserer Reichweite liegt.

Inmitten der weitläufigen Landschaften Südostasiens befinden wir uns im Herzen Thailands, wo die **Thailand Tiger Foundation** (TTF) als Leuchtturm der Hoffnung für die bedrohte indochinesische Tigerpopulation regiert. Unter der Leitung von Dr. Nithi Arya, einer leidenschaftlichen Naturschützerin und Visionärin, hat sich die TTF an die Spitze der Bemühungen um den Schutz dieser prächtigen Kreaturen und ihrer empfindlichen Lebensräume gestellt.

Dr. Arya und die TTF haben die dringende Notwendigkeit von Schutzmaßnahmen erkannt und sich auf die Einrichtung von Schutzgebieten und Wildtierkorridoren konzentriert, um das Überleben und die genetische Vielfalt des indochinesischen Tigers zu sichern. Durch die Zusammenarbeit mit lokalen Gemeinschaften, Regierungsbehörden und Naturschutzorganisationen haben sie die komplexe Aufgabe, wichtige Tigerlebensräume zu erhalten und gleichzeitig eine nachhaltige Entwicklung zu fördern, erfolgreich gemeistert.

Eine der bahnbrechendsten Initiativen der TTF ist das "Community Guardians"-Programm, das die Dorfbewohner aktiv als Hüter des Tigerschutzes einbezieht. Durch Schulungen und Workshops zum Kapazitätsaufbau vermittelt das Programm den Gemeindemitgliedern die notwendigen Kenntnisse und Fähigkeiten für ein harmonisches Zusammenleben mit Tigern. Diese Wächter dienen als Beschützer der Tigerpopulationen, indem sie deren Bewegungen regelmäßig überwachen, jegliche Bedrohung melden und sich an Maßnahmen zur Bekämpfung der Wilderei beteiligen.

Die Arbeit der TTF hat nicht nur zu einer spürbaren Verbesserung der Tigerpopulationen geführt, sondern auch ein Gefühl des Stolzes und der Selbstbestimmung bei den lokalen Gemeinschaften gefördert. Durch die Einbeziehung von traditionellem Wissen und Werten in die Erhaltungsstrategien hat die Stiftung nachhaltige Praktiken gefördert, die sowohl den Menschen als auch den Tigern zugute kommen. Die florierenden Ökotourismus-Initiativen, die von den Gemeinden in Zusammenarbeit mit der TTF durchgeführt werden, haben nicht nur Einkommen generiert, sondern auch ein tieferes Gefühl der Wertschätzung für die sie umgebenden Naturwunder geschaffen.

Wir verlassen die exotischen Küsten Thailands und begeben uns in die weiten und vielfältigen Landschaften Russlands, wo das **Projekt Sibirischer Tiger** (STP) eine zentrale Rolle bei der Erhaltung der größten Tigerunterart spielt. Unter der Leitung von Dr. Mikhail Ivanov, einem renommierten Wildbiologen, hat das STP bemerkenswerte Fortschritte beim Schutz des vom Aussterben bedrohten Sibirischen Tigers und seiner einzigartigen Wälder der nördlichen gemäßigten Zone gemacht.

Der Ansatz der GfbV beruht auf wissenschaftlicher Forschung und konzentriert sich auf das Verständnis der Ökologie und des Verhaltens des Sibirischen Tigers. Durch die Untersuchung der Beutetierdynamik, der Anforderungen an den Lebensraum und der Populationsdynamik waren Dr. Ivanov und sein Team in der Lage, wirksame Schutz- und Managementstrategien zu entwickeln.

Eine der wichtigsten Errungenschaften des STP ist die Einrichtung eines ausgedehnten Netzes von Schutzgebieten, die als Kernlebensräume für sibirische Tiger dienen. Durch strategischen Landerwerb und die Zusammenarbeit mit den lokalen Gemeinschaften hat das Projekt erfolgreich ausgedehnte Korridore geschaffen, die diese Schutzgebiete miteinander verbinden und es den Tigern ermöglichen, sich frei zu bewegen und ihre Territorien zu erweitern. Durch die Schaffung von sicheren Zufluchtsorten für Tiger und ihre Beutetiere hat das STP eine entscheidende Rolle bei der Sicherung des langfristigen Überlebens dieser großartigen Art gespielt.

Darüber hinaus hat die GfbV durch die Einbeziehung des Wissens und der Sichtweisen der indigenen Gemeinschaften erfolgreich ein Gefühl der gemeinsamen Verantwortung für den sibirischen Tiger gefördert. Traditionelles ökologisches Wissen hat maßgeblich dazu beigetragen, die Schutzbemühungen zu lenken und sicherzustellen, dass sie auf die einzigartigen kulturellen und ökologischen Gegebenheiten der Region abgestimmt sind.

Wenn wir uns mit der bemerkenswerten Arbeit von **Dr. Nithi Arya, Dr. Mikhail Ivanov** und ihren jeweiligen Organisationen befassen, inspirieren uns ihr Engagement und ihre Widerstandsfähigkeit dazu, an die Kraft kollektiven Handelns zu glauben. Der unermüdliche Einsatz dieser Menschen und der Gemeinschaften, mit denen sie zusammenarbeiten, zeigt das Potenzial für eine bessere Zukunft für die Tiger unseres Planeten.

Ihre Errungenschaften spiegeln die unerschütterliche Überzeugung wider, dass Naturschutz mehr ist als das einseitige Streben nach dem Schutz einer einzelnen Art. Stattdessen geht es um das komplizierte Gleichgewicht zwischen ökologischer Nachhaltigkeit, dem Wohlergehen der Gemeinschaft und der Erhaltung der Artenvielfalt.

Mit ihren bahnbrechenden Initiativen und kollaborativen Ansätzen beweisen sie, dass es sich nicht nur um die Verantwortung einiger weniger Personen oder Organisationen handelt, sondern um eine kollektive Verantwortung der gesamten Menschheit. Es ist ein Verständnis dafür, dass wir die natürliche Welt bewahren müssen, nicht nur für die Tiger, sondern auch für die zukünftigen Generationen, die eine Welt mit blühenden Ökosystemen und einer atemberaubenden Artenvielfalt verdienen.

Angesichts schwieriger Hindernisse zeigen uns diese Naturschutzhelden, dass wir mit Leidenschaft, Wissen und einem unnachgiebigen Geist den Weg für eine bessere Zukunft ebnen können. Eine Zukunft, in der Tiger frei umherstreifen, in der Gemeinschaften zusammen mit Wildtieren gedeihen und in der wir erkennen, dass das Schicksal unseres Planeten untrennbar mit der Erhaltung dieser majestätischen Kreaturen verbunden ist.

Während wir uns von den außergewöhnlichen Geschichten von **Dr. Priya Sharma, Dr. Raja Hasan, Dr. Julia Mbeki, Dr. Nithi Arya und Dr. Mikhail Ivanov** verabschieden, bleibt ihr unermüdlicher Einsatz in unseren Herzen und Köpfen eingebrannt. Sie erinnern uns ständig daran, dass es immer Hoffnung auf eine bessere Zukunft gibt, egal wie groß die Herausforderungen auch sein mögen.

ABSCHNITT 5: HOFFNUNG FÜR DIE ZUKUNFT

Wenn die Sonne über den weiten Landschaften aufgeht, in denen Tiger zu Hause sind, keimt in uns ein Gefühl neuer Hoffnung auf. Trotz der Herausforderungen, denen sich Tiger stellen müssen, gibt es bemerkenswerte Erfolgsgeschichten und bahnbrechende Initiativen, die einen Hoffnungsschimmer für ihre Zukunft bieten. In diesem Abschnitt befassen wir uns mit den innovativen Strategien und Kooperationen, die eine bessere Zukunft für diese majestätischen Kreaturen ermöglichen.

In den letzten Jahren haben wir erlebt, welche Kraft kollektives Handeln hat und welche Auswirkungen es auf die Erhaltungsbemühungen haben kann. Regierungen, Nichtregierungsorganisationen, lokale Gemeinschaften und engagierte Einzelpersonen haben sich in ihrer Entschlossenheit zum Schutz von Tigern und ihren Lebensräumen zusammengeschlossen. Dank ihres unerschütterlichen Engagements konnten wir das Wiederaufleben der Tigerpopulationen in mehreren Regionen beobachten, was einen wichtigen Wendepunkt in ihrem Erhaltungszustand darstellt.

Eine dieser Erfolgsgeschichten stammt aus den Wäldern von Bhutan, wo eine einzigartige Zusammenarbeit zwischen der Regierung und den lokalen Gemeinschaften unglaubliche Ergebnisse hervorgebracht hat. Durch die aktive Einbeziehung der Gemeinden, die in der Nähe von Tigerhabitaten leben, hat Bhutan erfolgreich Konflikte zwischen Mensch und Wildtieren reduziert und eine harmonische Koexistenz gefördert. Durch nachhaltige Ökotourismusinitiativen haben diese Gemeinden nicht nur ihre Rolle als Hüter des Landes angenommen, sondern profitieren auch von den wirtschaftlichen Vorteilen, die sich aus der Anwesenheit von Tigern ergeben. Diese für beide Seiten vorteilhafte Beziehung zwischen Menschen und Wildtieren ist ein Vorbild für die weltweiten Naturschutzbemühungen.

Ein weiterer Hoffnungsschimmer kommt aus dem Herzen der Sundarbans, dem größten Mangrovenwald der Erde und einem wichtigen Lebensraum für Tiger. Trotz der Herausforderungen, die der Klimawandel und das Eindringen des Menschen mit sich bringen, haben sich Naturschutzorganisationen zusammengeschlossen, um neue Methoden zum Schutz der Tiger und ihres empfindlichen Ökosystems anzuwenden. Durch den Einsatz von schwimmenden Anti-Wilderer-Camps und den Einsatz von Drohnentechnologie zur Überwachung konnten die Erfolgsquoten bei der Abschreckung von Wilderern und der Sicherung des Lebensraums der Tiger durch gemeinsame Anstrengungen erheblich verbessert werden. Dieser innovative Ansatz zeigt die Kraft des menschlichen Einfallsreichtums, wenn es darum geht, diese gefährdeten Kreaturen zu schützen.

Neben diesen lokalen Erfolgsgeschichten gibt es auch bahnbrechende Initiativen auf globaler Ebene, die die Zukunft des Tigers gestalten. Eine dieser Initiativen ist das Global Tiger Recovery Program (GTRP), das vom World Wildlife Fund (WWF) und anderen Naturschutzorganisationen vorangetrieben wird. Durch strategische Planung und koordinierte Anstrengungen zwischen den Ländern, in denen der Tiger lebt, will das GTRP den Bestand der wildlebenden Tiger bis 2022 - dem nächsten chinesischen Jahr des Tigers - verdoppeln. Dieses ehrgeizige Ziel dient als Aufforderung an die Länder, die Maßnahmen zur Bekämpfung der Wilderei zu verstärken, Lebensräume zu schützen und wiederherzustellen und den illegalen Handel mit Wildtieren zu bekämpfen. Das GTRP ist ein Beweis für das Engagement der internationalen Gemeinschaft, den Tigern eine Zukunft zu sichern.

Im Bereich des wissenschaftlichen Fortschritts zeigt die Spitzenforschung neue Wege zur Erhaltung des Tigers auf. Durch den Einsatz innovativer genetischer Analysetechniken gewinnen die Wissenschaftler entscheidende Erkenntnisse über die genetische Vielfalt der Tigerpopulationen. Dieses Wissen ist entscheidend für die Formulierung wirksamer Schutzstrategien, wie etwa Umsiedlungsprogramme zur Schaffung neuer Populationen und zur Förderung des genetischen Austauschs. Darüber hinaus haben Fortschritte in der Kamerafangentechnik es uns ermöglicht, wertvolle Daten über das Verhalten von Tigern, die Populationsdynamik und die Vernetzung von Lebensräumen zu erhalten. Diese Fülle an Informationen ermöglicht es Naturschützern, fundierte Entscheidungen zu treffen und Strategien an die sich ständig ändernden Erfordernisse der Tigererhaltung anzupassen.

Während wir uns an diesen Erfolgsgeschichten und den bemerkenswerten Initiativen erfreuen, die die Hoffnung nähren, stehen wir an der Schwelle zu einer neuen Ära des Tigerschutzes. Unser kollektives Engagement und unser unerschütterlicher Optimismus haben uns so weit gebracht, aber die Reise zur Sicherung der Zukunft der Tiger ist noch lange nicht vorbei. In der zweiten Hälfte dieses Abschnitts werden wir uns mit den Herausforderungen befassen, die vor uns liegen, und mit den innovativen Lösungen, die die Schutzbemühungen weiterhin prägen. Bleiben Sie dran, wenn wir uns auf diese Entdeckungsreise begeben, bei der das Schicksal des Tigers in unseren Händen liegt.

Das Vermächtnis unseres Engagements für den Schutz von Tigern entfaltet sich weiter und wir werden Zeuge der bemerkenswerten Fortschritte und des unerschütterlichen Engagements, das uns sowohl antreibt als auch inspiriert. In der zweiten Hälfte von Abschnitt 5 befassen wir uns eingehender mit den verbleibenden Herausforderungen und den innovativen Lösungen, die die Zukunft dieser großartigen Kreaturen prägen werden.

Obwohl große Fortschritte erzielt wurden, stellt die Geißel der Wilderei nach wie vor eine unerbittliche Bedrohung für das Überleben von Tigern dar. Angesichts dieser Widrigkeiten sind wir jedoch weiterhin fest entschlossen, diesem illegalen Handel ein Ende zu setzen. Die internationalen Bemühungen zur Bekämpfung des illegalen Handels mit Wildtieren haben erheblich an Dynamik gewonnen, und die Regierungen in aller Welt haben ihre Vorschriften und Durchsetzungsmaßnahmen verschärft. Die verstärkte Zusammenarbeit zwischen Strafverfolgungsbehörden und Naturschutzorganisationen hat zur Zerschlagung zahlreicher Wilderernetzwerke geführt und damit ein deutliches Zeichen gesetzt, dass der illegale Handel mit Tigerteilen nicht geduldet wird. In dem Maße, wie die Nachfrage nach Tigerprodukten sinkt, wird die Zukunft dieser majestätischen Kreaturen immer rosiger.

Innovative Technologien revolutionieren weiterhin unser Verständnis von Tigern und ihren Ökosystemen. Ein solcher Durchbruch ist die nicht-invasive Überwachungstechnik, die sich die Leistungsfähigkeit der DNA-Analyse zunutze macht. Durch die Analyse von Tigerkot, Haaren und Speichelproben können Wissenschaftler entscheidende Erkenntnisse über die Populationsgröße, die genetische Vielfalt und sogar die Identität einzelner Tiere gewinnen. Dieser innovative Ansatz macht die Überwachung effizienter und minimiert die Beeinträchtigung der Tiere, so dass eine genaue Datenerfassung für eine effektive Schutzplanung gewährleistet ist.

Darüber hinaus hat sich der Einsatz von künstlicher Intelligenz und Algorithmen des maschinellen Lernens bei der Verarbeitung großer Mengen von Kamerafallenbildern als unschätzbar wertvoll erwiesen. Diese fortschrittlichen

Technologien ermöglichen eine schnelle Identifizierung und Klassifizierung von Tigern und unterstützen Naturschützer bei ihren Bemühungen, diese schwer fassbaren Tiere zu überwachen und zu schützen. Die Schnittstelle zwischen Wissenschaft und Technologie hat uns neue Türen geöffnet, die es uns ermöglichen, genaue Informationen in Echtzeit zu sammeln, die in unsere Schutzstrategien einfließen.

In Anbetracht der sich ständig verändernden Landschaft, in der Tiger geschützt werden müssen, ist es wichtig, das kritische Problem der Fragmentierung von Lebensräumen anzugehen. Die rasche Verstädterung und der Ausbau der Infrastruktur stellen eine erhebliche Bedrohung für die Vernetzung von Tigerlandschaften dar, wodurch Populationen isoliert und der Genfluss behindert werden. Viele Länder setzen jedoch inzwischen innovative Lösungen ein, um diese Herausforderung zu entschärfen. Der Schutz von Korridoren, d. h. die Schaffung von wildtierfreundlichen Korridoren, die fragmentierte Lebensräume miteinander verbinden, hat sich als wirksame Strategie erwiesen. Durch die Wiederherstellung und Einrichtung ökologischer Korridore werden die Gebiete, in denen Tiger zu Hause sind, wieder miteinander verbunden, was Hoffnung für das langfristige Überleben dieser Spitzenraubtiere gibt.

Die Zusammenarbeit ist nach wie vor die Grundlage für unsere Fortschritte bei der Erhaltung der Tiger. In der Erkenntnis, dass Arten und Ökosysteme eng miteinander verbunden sind, verfolgen Naturschutzorganisationen einen ganzheitlichen Ansatz, um nicht nur Tiger, sondern auch ihre gesamten Lebensräume zu schützen. Die Erhaltung wichtiger Beutetierarten wie Hirsche und Wildschweine ist zu einem zentralen Anliegen geworden, um eine nachhaltige Nahrungsquelle für Tiger zu gewährleisten und das empfindliche Gleichgewicht dieser Ökosysteme zu erhalten.

Neben der wissenschaftlichen Forschung und den Bemühungen zum Schutz der Tiger darf die Bedeutung von Bildung und Aufklärung nicht unterschätzt werden. Die

Befähigung lokaler Gemeinschaften mit dem Wissen und den Instrumenten zum Schutz ihres natürlichen Erbes ist entscheidend für die Sicherung einer Zukunft für Tiger. Programme zur Umwelterziehung, aufsuchende Initiativen und Graswurzelbewegungen tragen maßgeblich dazu bei, den Gemeinden, die in der Nähe von Tigerlebensräumen leben, ein tiefes Gefühl von Stolz und Verantwortung zu vermitteln. Durch die Förderung des Verantwortungsbewusstseins und eines nachhaltigen Lebensunterhalts bauen wir eine Zukunft auf, in der Menschen und Tiger gemeinsam gedeihen können.

Zusammenfassend lässt sich sagen, dass der Weg zu einer besseren Zukunft für Tiger von grenzenlosem Optimismus, unerschütterlicher Entschlossenheit und bahnbrechenden Innovationen geprägt ist. Die Erfolge, die wir gesehen haben, von gemeinschaftsgeführten Erhaltungsmodellen bis hin zu globalen Initiativen, geben uns Hoffnung, dass sich das Blatt zugunsten dieser majestätischen Kreaturen wendet. Doch dies ist nicht der Zeitpunkt für Selbstzufriedenheit. Die Herausforderungen, die vor uns liegen, erfordern unser kontinuierliches Engagement und innovative Lösungen. Bei jedem Schritt, den wir tun, sollten wir daran denken, dass das Schicksal dieser Tiger in unseren Händen liegt. Gemeinsam können wir den Weg für eine bessere Zukunft ebnen, in der die Tiger frei umherstreifen und in Harmonie mit der Natur gedeihen.

JOHANNA HOFMANN

SIEBEN JUWELEN DES DSCHUNGELS

ÜBER DEN AUTOR

Johanna Hofmann ist Wildtierbiologin und Verfechterin des Naturschutzes und hat sich auf die Erforschung großer Raubtiere, insbesondere von Tigern, spezialisiert. Ihre Arbeit führte sie quer durch Asien, von den Schneelandschaften Sibiriens bis zu den dichten Dschungeln Indonesiens, wo sie sich mit den Herausforderungen des Naturschutzes und der komplexen Koexistenz von Mensch und Wildtier auseinandersetzte. Johanna hat an der Universität München in Umweltwissenschaften promoviert und an zahlreichen wissenschaftlichen Veröffentlichungen und Dokumentarfilmen über Wildtiere mitgewirkt. Sie ist eine überzeugte Verfechterin des Schutzes von Lebensräumen und nutzt ihre Texte, um auf die Notlage bedrohter Arten weltweit aufmerksam zu machen.

www.ingramcontent.com/pod-product-compliance
Lightning Source LLC
Chambersburg PA
CBHW052142220526
45471CB00004B/1491